Daniel James

Análise do nível de perdas pós-colheita na comercialização da laranja

Daniel James

Análise do nível de perdas pós-colheita na comercialização da laranja

ScienciaScripts

Imprint
Any brand names and product names mentioned in this book are subject to trademark, brand or patent protection and are trademarks or registered trademarks of their respective holders. The use of brand names, product names, common names, trade names, product descriptions etc. even without a particular marking in this work is in no way to be construed to mean that such names may be regarded as unrestricted in respect of trademark and brand protection legislation and could thus be used by anyone.

Cover image: www.ingimage.com

This book is a translation from the original published under ISBN 978-3-659-52229-1.

Publisher:
Sciencia Scripts
is a trademark of
Dodo Books Indian Ocean Ltd. and OmniScriptum S.R.L publishing group

120 High Road, East Finchley, London, N2 9ED, United Kingdom
Str. Armeneasca 28/1, office 1, Chisinau MD-2012, Republic of Moldova, Europe
Printed at: see last page
ISBN: 978-620-7-92646-6

RESUMO

Esta investigação foi efectuada com a intenção deliberada de analisar a extensão das perdas de laranjas no mercado de fruta de Yanlemo, no Estado de Kano. O trabalho de investigação lança luz sobre as causas das perdas de laranjas, os factores que contribuem para a deterioração das laranjas e para compreender a extensão dessas perdas e preparar uma solução para o problema. Foram utilizadas entrevistas orais para obter dados dos vendedores de laranja sobre as suas características socioeconómicas e o seu sistema de comercialização. Da amostra de 200 vendedores de laranja, foram seleccionados aleatoriamente 40 vendedores de laranja. Foi utilizado um questionário estruturado para recolher dados. Para analisar a informação recolhida, foi utilizado um modelo simples de percentagem e pós-colheita. O resultado mostra que todos os 40 vendedores de laranja, ou seja, 100%, que preencheram os questionários eram do sexo masculino. O resultado mostra que o transporte deficiente é uma das causas das perdas pós-colheita na comercialização de laranjas, tanto a nível grossista como retalhista. 100% dos grossistas concordaram que o transporte deficiente causa perdas pós-colheita, enquanto 80% dos retalhistas disseram que o transporte deficiente é uma causa de perdas pós-colheita. 62,5% dos grossistas e 67% dos retalhistas inquiridos concordaram que as pragas e as doenças causam perdas pós-colheita na comercialização da laranja, enquanto 37,5% dos grossistas e 33% dos retalhistas discordaram que as pragas e as doenças causam perdas pós-colheita. 52,5% dos grossistas e 80% dos retalhistas disseram que o mau patrocínio do mercado não é a causa das perdas pós-colheita, o que implica que existe um mercado para as laranjas. O resultado do quadro 3 mostra que, na comercialização grossista de laranjas, se perderam 51 latas durante a calibragem e 36 dúzias na comercialização a retalho, com um valor de N7650 e N7200, respetivamente. Durante o acondicionamento, perderam-se 20 dúzias no valor de N3000 e, durante a comercialização a retalho, perderam-se 12 dúzias no valor de N2400. Durante o armazenamento, perderam-se 78 dúzias no comércio por grosso e 64 dúzias no comércio a retalho, no valor de 11700 e 12800 N, respetivamente. Os estudos revelam que 52 dúzias, no valor de 10 400 NZ, se perderam durante a comercialização a retalho e 60 dúzias, no valor de 900 NZ, se perderam durante a comercialização por grosso.

Palavras-chave: pós-colheita, colheita, perdas, armazenamento, comercialização

CAPÍTULO 1 INTRODUÇÃO
CONTEXTO DO ESTUDO

As perdas pós-colheita de frutos tropicais variam entre 10 % e 80 %, tanto nos países industrializados como nos países em desenvolvimento (FAO, 2006). Estas perdas ocorrem ao longo de toda a cadeia de abastecimento, desde a colheita até à embalagem, armazenamento, transporte, venda a retalho e consumo (WFLO, 2010). Na maioria dos países em desenvolvimento, isto deve-se principalmente a uma combinação de infra-estruturas e logística deficientes, más práticas agrícolas, falta de conhecimentos sobre o manuseamento pós-colheita e um sistema de comercialização confuso (FAO, 2006). Kitinoja (2002), Ray e Ravi (2005) e WFLO (2010) constataram que 40 a 50 por cento das culturas hortícolas, incluindo frutas e legumes, se perdem antes de chegarem aos consumidores. A principal razão para estas perdas é o elevado número de contusões, a perda de água e a subsequente deterioração durante o manuseamento pós-colheita (WFLO, 2010). O sector hortícola sofre muito com as perdas pós-colheita. Nos países em desenvolvimento, especialmente na África Subsariana, estima-se que as perdas não sejam inferiores a 30 % (Sudheer e Indira, 2007; Ladaniya, 2008; Kereth *et al.*, 2013). As perdas pós-colheita afectam não só a qualidade e a quantidade, mas também a estética da fruta e, consequentemente, o seu valor de mercado. As perdas pós-colheita na fruta podem afetar a rentabilidade, a quantidade, a qualidade (estética) e o valor nutricional (Sudheer e Indira, 2007). As perdas pós-colheita podem ocorrer em qualquer fase da cadeia de valor, pelo que toda a cadeia de abastecimento deve ser considerada para determinar as perdas. Para os agricultores, as perdas pós-colheita podem ser quantificadas em termos absolutos para o produto perdido após a colheita e depois calculadas como uma percentagem baseada no volume total da colheita (Weinberger *et al.*, 2008). Controlar e/ou prevenir as perdas pós-colheita é menos dispendioso do que produzir a mesma quantidade de perdas de frutos. A gestão pós-colheita determina não só a qualidade e a segurança dos alimentos, mas também a competitividade no mercado. Nos países em desenvolvimento, as cadeias de abastecimento hortícola carecem de sistemas sustentáveis de gestão pós-colheita. Os principais obstáculos à gestão pós-colheita nestes países incluem o manuseamento e o transporte ineficientes, tecnologias inadequadas de armazenamento, transformação e embalagem, o envolvimento de demasiados intervenientes e infra-estruturas deficientes (Ladaniya, 2008).

Apesar dos progressos notáveis registados no aumento da produção alimentar à escala mundial, cerca de metade da população do mundo em desenvolvimento não tem acesso a um abastecimento alimentar adequado. Há muitas razões para este facto, uma das quais é a perda de alimentos nos sistemas de pós-colheita e de comercialização. Há provas de que estas perdas são mais elevadas nos países onde a necessidade de alimentos é maior. (FAO 2015)

Nos países em desenvolvimento, as cadeias de abastecimento de produtos hortícolas carecem de sistemas sustentáveis de gestão pós-colheita. As principais limitações da gestão pós-colheita nestes países incluem o manuseamento e o transporte ineficientes, bem como infra-estruturas deficientes (Ladaniya, 2008).

A produção de laranjas é uma parte importante da indústria hortícola e tornou-se uma atividade económica significativa nos países em desenvolvimento, particularmente em países que anteriormente estavam fortemente dependentes da produção agrícola, que era frequentemente a nível de subsistência. Os horticultores dos países em desenvolvimento são, na sua maioria, pequenos agricultores que raramente estão organizados numa cooperativa ou associação formal. Estima-se que 10 a 20 % de todos os agricultores são produtores de culturas hortícolas, por vezes em combinação ou em rotação com culturas arvenses (FAO, 2010). Para além da sua importância económica, as culturas hortícolas, incluindo as laranjas, são fontes importantes de nutrientes vegetais, vitaminas e minerais essenciais para a saúde e o bem-estar humanos, especialmente para as crianças e as mulheres grávidas ou lactantes (WFLO, 2010).
As perdas pós-colheita de frutos tropicais variam entre 10 % e 80 %, tanto nos países industrializados como nos países em desenvolvimento (FAO, 2006). Estas perdas ocorrem ao longo de toda a cadeia de abastecimento, desde a colheita até à embalagem, armazenamento, transporte, venda a retalho e consumo (WFLO, 2010). Na maioria dos países em desenvolvimento, isto deve-se principalmente a uma combinação de infra-estruturas e logística deficientes, más práticas agrícolas, falta de conhecimentos sobre o manuseamento pós-colheita e um sistema de comercialização confuso (FAO, 2006). Kitinoja (2002), Ray e Ravi (2005) e WFLO (2010) constataram que 40 a 50 por cento das culturas hortícolas, incluindo frutas e legumes, se perdem antes de chegarem aos consumidores. A principal razão para estas perdas é o elevado número de contusões, a perda de água e a subsequente deterioração durante o manuseamento pós-colheita (WFLO, 2010).

A produção de laranjas é uma parte importante da indústria hortícola e tornou-se uma atividade económica significativa nos países em desenvolvimento, particularmente em países que anteriormente estavam fortemente dependentes da produção agrícola, que era frequentemente a nível de subsistência. Os horticultores dos países em desenvolvimento são, na sua maioria, pequenos agricultores que raramente estão organizados numa cooperativa ou associação formal. Estima-se que 10 a 20 % de todos os agricultores são produtores de culturas hortícolas, por vezes em combinação ou em rotação com culturas arvenses (FAO, 2010). Para além da sua importância económica, as culturas hortícolas, incluindo as laranjas, são fontes importantes de nutrientes vegetais, vitaminas e minerais essenciais para a saúde e o bem-estar humanos, especialmente para as crianças e as mulheres grávidas ou lactantes (WFLO, 2010).

As perdas pós-colheita de frutos de laranja devem-se à falta de cuidados, à utilização de equipamento e materiais de colheita adequados e à falta de motivação e interesse em melhorar e atualizar periodicamente as técnicas de colheita e manuseamento. Os problemas associados às instalações de embalagem, armazenamento e transporte são factores que conduzem à perda de frutos de laranja. As elevadas perdas pós-colheita de frutos de laranja ocorrem durante a colheita, a comercialização, o transporte e o armazenamento. O momento mais frequentemente citado para a perda de frutos de laranja foi durante a colheita, seguido da comercialização.

Baldes, recipientes para óleo de palma, cestos de tecido e contentores. São utilizados vários meios para transportar os frutos de laranja da exploração agrícola para o armazenamento temporário ou para o mercado, incluindo trabalho humano, burros, cavalos, carroças, camelos, bajajs, mini-autocarros, localmente designados por "mator", camiões mini e Isuzu. As estradas longas e intransitáveis, as condições climáticas da região e o material de embalagem rudimentar aumentam a perda pós-colheita dos frutos de laranja. Os diferentes tipos de contentores e equipamentos utilizados para o acondicionamento serviram como unidade de medida durante a comercialização. A maior parte das unidades de medida ou dos contentores utilizados não estavam normalizados e não tinham um tamanho uniforme, mas baseavam-se em tipos convencionais. Embora se saiba que a embalagem, o transporte e o armazenamento reduzem as perdas pós-colheita, minimizando a distância entre o produtor e o consumidor e entre a colheita e o consumo, os produtores não dispunham de instalações de armazenamento e locais de comercialização adequados, e os principais factores de perda pós-colheita de laranjas durante a comercialização eram problemas relacionados com o manuseamento incorreto durante a embalagem, o transporte, o armazenamento e a exposição para venda. A maioria dos materiais de embalagem não são adequados para o produto, o que resulta em danos mecânicos, a falta de veículos e o seu elevado custo, bem como a utilização de animais de tração e de seres humanos para o transporte de longa distância na ausência de embalagem e empilhamento adequados, a falta de triagem de frutos maduros e não maduros constituem um problema importante. A falta de armazéns para laranjas e a utilização de espaços de habitação ou de trabalho para armazenamento são também factores que conduzem à maioria das perdas pós-colheita de laranjas. Embora os canais de comercialização existentes sejam altamente ineficientes em termos de elevadas perdas pós-colheita, merecem mais crédito do que aquele que lhes é atribuído, tendo em conta os recursos de mercado disponíveis (tanto físicos como financeiros) e a elevada perecibilidade das frutas e legumes. Os danos mecânicos sofridos pelos produtos devido a contusões, esmagamento e vibração durante o transporte, bem como as más condições de transporte, incluindo estradas em mau estado, são responsáveis por uma grande parte das perdas pós-colheita de frutos e produtos hortícolas na Nigéria. Ocorreram perdas significativas (até 20%) em laranjas frescas transportadas de zonas de cultivo no norte, centro, sudoeste e sudeste da Nigéria para um mercado grossista urbano no norte da Nigéria. Na Conferência Mundial da Alimentação de 1974, realizada em Roma, o conceito de redução das perdas pós-colheita foi reconhecido como um meio importante de melhorar a disponibilidade de alimentos. A 7ª Sessão Especial da Assembleia Geral das Nações Unidas, em 1975, aprovou uma resolução que apelava a uma redução de 50% das perdas pós-colheita até 1985. O valor potencial da redução das perdas pós-colheita encontrou expressão prática no debate em curso entre uma série de organizações e instituições internacionais. Consequentemente, foram tomadas várias iniciativas a nível internacional com o objetivo de reduzir as perdas desnecessárias em todas as fases pós-colheita do processo de produção alimentar. A FAO, após consulta dos seus órgãos directivos, também fez da prevenção das perdas de alimentos uma área prioritária e lançou um programa de ação no início de 1978. Recentemente, a Organização das Nações Unidas para a Alimentação e a Agricultura (FAO) estimou que 32% de todos os alimentos produzidos a nível mundial foram perdidos ou desperdiçados em 2009 (FAO, 2013). Apesar de ser possível aumentar os rendimentos (Arowojolu, 2000). As perdas pós-colheita têm impedido que o impacto do aumento da produção no rendimento dos pequenos agricultores se faça sentir. Aworh (2004) observou que as perdas pós-colheita de frutos ascendem a vários milhares de milhões de nairas por ano, enquanto Khang (2003) opinou que estas perdas não só afectam a produção como também reduzem o rendimento dos agricultores em todo o mundo. As perdas pós-colheita são muito mais elevadas para os frutos e produtos hortícolas frescos perecíveis do que para os cereais e outras culturas. Os produtos frescos têm exigências individuais em termos de temperatura e outros factores que devem ser tidos em conta durante o processo de comercialização. Em geral, os factores que contribuem para a redução das perdas pós-colheita de frutos e produtos hortícolas frescos são os mesmos que afectam a manutenção da qualidade global (Harvey, 1978). Na Nigéria, as perdas pós-colheita são enormes, especialmente no caso de frutos como os citrinos, as bananas e os ananases, e o sistema de comercialização destes frutos coloca cerca de 75% do ónus destas perdas nos comerciantes de fruta. A cadeia de comercialização destes frutos envolve a compra de pequenas quantidades em explorações agrícolas dispersas e a montagem dos frutos em grandes quantidades para transporte para os centros urbanos. Uma vez que a margem de mercado na comercialização destes frutos determina o preço e, por conseguinte, o rendimento dos agricultores, é pertinente examinar o impacto das perdas pós-colheita na comercialização dos frutos. Por exemplo, foi referido que 95% do investimento em investigação nos últimos 30 anos foi direcionado para o aumento da produtividade e apenas 5% para a redução das perdas (Kader 2005; Kader e Roller 2004; WFLO 2010). O aumento da produtividade agrícola é fundamental para garantir a segurança alimentar mundial, mas pode não ser suficiente. Atualmente, a produção alimentar é dificultada pela limitação das terras aráveis e da água e pela crescente variabilidade das condições meteorológicas devido às alterações climáticas. Para atingir os objectivos de segurança alimentar de forma sustentável, a disponibilidade de alimentos deve também ser aumentada através da redução do processo pós-colheita ao nível das explorações agrícolas, dos retalhistas e dos consumidores.

CAPÍTULO 2 DEFINIÇÃO DO PROBLEMA

A nível mundial, as perdas pós-colheita de frutas e produtos hortícolas situam-se entre 30 e 40% e, nalguns países em desenvolvimento, são ainda mais elevadas. A redução das perdas pós-colheita é muito importante para garantir que todos os habitantes do nosso planeta disponham de alimentos suficientes, tanto em termos de quantidade como de qualidade. Além disso, prevê-se que a população mundial aumente de 5,7 mil milhões de habitantes em 1995 para 8,3 mil milhões em 2025. A produção mundial de produtos hortícolas ascendeu a 486 milhões de toneladas e a de frutos a 392 milhões de toneladas. A Nigéria produz a maior parte dos seus próprios produtos hortícolas, uma vez que tem várias regiões adequadas e climáticas no país. A redução das perdas pós-colheita diminui os custos de produção, comercialização e distribuição, reduz o preço no consumidor e aumenta o rendimento dos agricultores. Durante o processo de distribuição e comercialização ocorrem perdas significativas, que vão desde uma ligeira perda de qualidade até à deterioração total. As perdas pós-colheita podem ocorrer em qualquer ponto do processo de comercialização, desde a primeira colheita, passando pela montagem e distribuição, até ao consumidor final. As causas das perdas são múltiplas: danos físicos durante o manuseamento e o transporte,

deterioração fisiológica, perda de água ou, por vezes, simplesmente porque há um excesso de oferta no mercado e não se consegue encontrar um comprador.

FAO Roma, (2004). As perdas qualitativas (como a perda de valor calórico e nutricional, a perda de aceitação pelo consumidor e a perda de comestibilidade) são mais difíceis de medir do que as perdas quantitativas de frutas e produtos hortícolas frescos. Embora a redução das perdas quantitativas seja mais prioritária do que a das perdas qualitativas nos países em desenvolvimento, o inverso é verdadeiro nos países industrializados, onde a insatisfação dos consumidores com a qualidade dos produtos é responsável por uma maior proporção das perdas totais pós-colheita. Fornecer aos consumidores fruta e produtos hortícolas com bom sabor pode aumentar significativamente o consumo do mínimo recomendado de cinco porções por dia para uma melhor saúde. O desenvolvimento de novas variedades com melhor sabor e qualidade nutricional, bem como uma produtividade adequada, deve ser uma prioridade elevada em todos os países. Wikipedia, (2015) também observou que os comerciantes podem não ter capacidades pós-colheita adequadas para prolongar o prazo de validade da fruta laranja em quantidades comerciais. Na ausência de grandes fábricas de transformação que normalmente ajudam a preservar o excedente para uso futuro, os agricultores e comerciantes não têm outra opção senão ver os seus produtos estragarem-se quando não há mercado. Estes cenários diminuem obviamente a sorte dos produtores e comerciantes de laranja, enquanto os produtores estrangeiros são indiretamente financiados pelo governo e pelos empresários nigerianos através da importação de produtos de fruta do estrangeiro (Anthony, 2011).

Os citrinos são uma das culturas frutícolas económicas mais importantes do mundo. Pertencem ao grupo de frutos como as laranjas, os limões, as limas, as uvas e as tangerinas. Muitos citrinos são geralmente consumidos frescos. Os sumos de laranja e de toranja são bebidas populares ao pequeno-almoço, enquanto os citrinos adstringentes, como os limões e as limas, são utilizados como guarnições ou em pratos cozinhados. Os citrinos também são utilizados para fazer abóboras, pós cítricos, marmelada e outros aromas. Após a extração do sumo do fruto, a polpa resultante é um potencial alimento para o gado e o óleo da casca é um produto caro no mercado internacional. Sabe-se também que as sementes de citrinos contêm edulcorantes que estão a ser investigados como possíveis substitutos do açúcar. As cascas de citrinos podem ser utilizadas para a produção de ácido cítrico, ácido lático, levedura alimentar e vinagre. As folhas, as flores, as cascas, os frutos e as cascas secas dos citrinos têm um elevado valor medicinal. A casca seca dos citrinos é uma matéria-prima para a produção de insecticidas. Os citrinos são também utilizados nas indústrias farmacêutica, cosmética e de sabão. Os citrinos são cultivados em todo o mundo, sendo o maior cultivo comercial realizado no Brasil e na China. No relatório de 2007 da Organização das Nações Unidas para a Alimentação e a Agricultura (FAO), a Nigéria está classificada como o nono país produtor de citrinos, com uma capacidade de produção média anual de cerca de 3 325 000 toneladas. No entanto, os citrinos produzidos na Nigéria são principalmente consumidos localmente sem grande valor acrescentado. Num esforço para promover a produção e a transformação de frutos tropicais na Nigéria

Justificação do estudo
A Organização das Nações Unidas para a Alimentação e a Agricultura estima que cerca de 1,3 mil milhões de toneladas de alimentos são desperdiçados ou perdidos a nível mundial todos os anos (Gustavasson, et al. 2011). A redução destas perdas aumentaria a quantidade de alimentos disponíveis para consumo humano e melhoraria a segurança alimentar global, que se está a tornar cada vez mais importante face ao aumento dos preços dos alimentos devido à crescente procura por parte dos consumidores, ao aumento da procura de biocombustíveis e de outras utilizações industriais e ao aumento da variabilidade climática (Mundial, 2008; Trostle, 2010). A redução dos preços dos alimentos também melhora a segurança alimentar, aumentando o rendimento real de todos os consumidores (Banco Mundial, 2011). Além disso, a produção vegetal contribui para uma parte significativa do rendimento típico em certas regiões do mundo (70% na África Subsariana), e a redução das perdas de alimentos pode aumentar diretamente o rendimento real dos produtores (Banco Mundial, 2011). Apesar dos progressos notáveis no aumento da produção alimentar à escala global, cerca de metade da população do mundo em desenvolvimento não tem acesso a um abastecimento alimentar adequado. Há muitas razões para este facto, uma das quais são as perdas de alimentos que ocorrem no sistema de pós-colheita e comercialização. Há provas

de que estas perdas são mais elevadas nos países onde a necessidade de alimentos é maior. Cultivar alimentos exige tempo e dinheiro e, se o agricultor não está apenas a abastecer o seu agregado familiar com alimentos, torna-se automaticamente parte da economia de mercado: tem de vender os seus produtos, tem de cobrir os seus custos e tem de obter lucros. Calcula-se que 25% dos alimentos nos países em desenvolvimento se perdem após a colheita devido ao manuseamento incorreto, à deterioração e à infestação por pragas; isto significa que um quarto dos alimentos produzidos nunca chega ao consumidor para o qual foi cultivado e que o esforço e o dinheiro necessários para os produzir se perdem - para sempre. A fruta, os legumes e as culturas de raízes são muito menos resistentes e, normalmente, perecem rapidamente e, se não forem tomados cuidados durante a colheita, o manuseamento e o transporte, depressa se estragam e se tornam impróprios para consumo humano. As estimativas das perdas de produção nos países em desenvolvimento são difíceis de avaliar, mas algumas autoridades estimam que as perdas de batata-doce, plátanos, laranjas, bananas e citrinos podem atingir 50%, ou seja, metade da quantidade cultivada. A redução destas perdas, especialmente se puderem ser evitadas economicamente, seria de grande importância tanto para os produtores como para os consumidores. Mais de 50% da fruta produzida na Nigéria perde-se no trajeto entre as explorações agrícolas e os grandes mercados urbanos. Pensa-se que estas perdas são evitáveis e que se devem ao facto de os agricultores/mediadores preferirem vender a um preço mais elevado nos mercados, em vez de venderem os frutos aos consumidores ao preço de equilíbrio, sem que os comerciantes se questionem sobre o custo do desperdício. Os esforços devem centrar-se no aumento da produção e na redução das perdas pós-colheita, acrescentando um valor adequado. A criação de instalações de armazenagem frigorífica em todo o país contribuiria muito para reduzir as perdas registadas na comercialização de laranjas (Jolaoso, 2011). A Nigéria é o maior mercado da África subsaariana, com uma população de mais de 150 milhões de pessoas e uma taxa de crescimento anual de 3%. Apesar do grande número de consumidores, o mercado de frutas do país está subdesenvolvido.

Metas e objectivos

O principal objetivo do estudo é analisar a extensão das perdas pós-colheita de laranjas no mercado de Yanlemo, no Estado de Kano.

Os objectivos específicos são:

1. Descrição das características socioeconómicas dos comerciantes de laranja da zona de estudo
2. Identificação dos factores responsáveis pelas perdas pós-colheita de laranjas em diferentes estádios de comercialização.

3. determinar a quantidade e o valor das perdas registadas durante a comercialização

4. Identificar problemas e propor possíveis soluções para problemas relacionados com as perdas.

A laranja é desconhecida na natureza; pensa-se que é originária do sul da China, do nordeste da Índia e talvez do sudeste asiático, tendo sido cultivada pela primeira vez na China por volta de 2500 a.C. Na Europa, os citrinos, incluindo a laranja amarga trazida para Itália pelos cruzados no século XI, eram amplamente cultivados no sul para fins medicinais, mas a laranja doce era desconhecida até ao final do século XV ou início do século XVI, quando os comerciantes italianos e portugueses trouxeram laranjeiras para o Mediterrâneo. Pouco tempo depois, a laranja doce foi introduzida como fruto comestível. Era também considerada um bem de luxo e as pessoas ricas cultivavam laranjas em estufas privadas, conhecidas como laranjeiras. Em 1646, a laranja doce era conhecida em toda a Europa.

Jean-Baptist Oudry, *A Laranjeira*, 1740

Os viajantes espanhóis introduziram a laranja doce no continente americano. Na sua segunda viagem, em 1493, Cristóvão Colombo terá plantado o fruto em Hispaniola. Expedições posteriores, em meados do século XV, levaram a laranja doce para a América do Sul e o México e, em 1565, para a Florida, onde Pedro Menéndez de Aviles fundou Santo Agostinho. Os missionários espanhóis trouxeram laranjeiras para o Arizona entre 1707 e 1710, e os franciscanos fizeram o mesmo em San Diego, Califórnia, em 1769. Por volta de 1804, foi plantado um pomar na Missão San Gebriel e, em 1841, foi estabelecido um pomar comercial perto da atual Los Angeles. As laranjas foram provavelmente introduzidas na Louisiana pelos exploradores franceses.

Archibald Menzies, o botânico e naturalista da expedição de Vancouver, recolheu sementes de laranja na África do Sul, cultivou as mudas a bordo e ofereceu-as a vários chefes havaianos em 1792. Eventualmente, a laranja doce foi cultivada em grande parte das ilhas havaianas, mas o seu cultivo foi interrompido após a chegada da mosca da fruta do Mediterrâneo no início do século XX

Como as laranjas são ricas em vitamina C e não se estragam facilmente, os marinheiros portugueses, espanhóis e holandeses plantaram árvores de citrinos ao longo das rotas comerciais durante a época dos Descobrimentos para evitar o escorbuto.

Por volta de 1872, os agricultores da Florida receberam sementes de Nova Orleães. Muitos laranjais foram plantados através da enxertia da laranja doce em porta-enxertos de laranja azeda

História do desenvolvimento da cadeia de valor dos citrinos na Nigéria

A cultura de citrinos foi introduzida na Nigéria na década de 1930 pelo Ministério da Agricultura e por missionários (Adigun, 1992). Posteriormente, os citrinos espalharam-se por todo o país e são atualmente a árvore de fruto mais plantada na Nigéria. É cultivada em vários sistemas agrícolas, incluindo hortas domésticas de vários andares, plantações de cacau, áreas de cultivo de alimentos e alguns pomares de fruta pura (Amih, 1985).

Entre 2000 e 2004, a Nigéria produziu 3% do total da produção mundial de citrinos. Isto colocou o país em nono lugar entre os países produtores mais importantes dos vários tipos de citrinos, tornando-o um importante produtor de citrinos (UNCTAD, 2007). No entanto, a produção de citrinos na Nigéria destina-se principalmente ao consumo local. A área cultivada com citrinos aumentou de 30 000 hectares em 1961 para cerca de 72 000 hectares em 1999. A produção de citrinos aumentou regularmente de 1 000 toneladas na década de 1960 para 3 250 toneladas no início da década de 2000. No entanto, a produção de citrinos estagnou ao mesmo nível durante muitos anos (Yusuf e Falusi, 2000). Ao longo dos anos, o Governo Federal da Nigéria criou institutos de investigação, universidades e organizações especiais de promoção para aumentar, melhorar e manter a produção, a utilização e a comercialização de frutos tropicais, incluindo os citrinos. Ao longo dos anos, estas agências/organizações expandiram o conjunto de conhecimentos do país nos domínios da investigação e desenvolvimento, produção e utilização, domesticação de tecnologias e fabrico de equipamento de transformação de frutos tropicais. Algumas das instituições que contribuíram para o desenvolvimento dos frutos tropicais na Nigéria incluem o National Horticultural Research Institute (NIHORT), Ibadan; o Federal Institute of Industrial Research, Oshodi (FIIRO); o Nigerian Stored Products Research Institute (NSPRI), Ilorin; Agência Nacional de Desenvolvimento Biotecnológico (NABDA), Abuja; Centro Nacional de Mecanização Agrícola (NCAM), Ilorin; Empresa de Desenvolvimento e Comercialização de Culturas Arbóreas (TRECODEM); Instituto de Horticultura do Estado de Kano e Conselho de Investigação e Desenvolvimento de Matérias-Primas (RMRDC), Abuja. Em 2002, o governo nigeriano proibiu a importação de sumos de fruta em embalagens para venda a retalho, bebidas à base de sumo de fruta e frutos frescos e secos. Esperava-se que a proibição da importação destes produtos impulsionasse o crescimento da produção de citrinos. As empresas produtoras de sumos de fruta já aproveitaram a proibição para estabelecer plantações de fruta para abastecer as suas instalações. Para aumentar a produção de frutos tropicais, como os citrinos, foi lançada em 2005 a Iniciativa Presidencial sobre a Produção de Frutos Tropicais na Nigéria. Foi criado um comité nacional de execução para encontrar formas de atingir 10% da produção mundial de frutos tropicais no prazo de quatro anos. O projeto Step B do Banco Mundial concedeu à RMRDC uma subvenção para desenvolver a indústria de sumos de fruta na Nigéria. Outros membros da equipa do projeto são a NABDA, a FUMMAN e a Niger Resources. O projeto melhorou as instalações de cultura de tecidos na NABDA, NIHORT e NAGRAB. Foram produzidos e distribuídos aos agricultores materiais de plantação de variedades de elite seleccionadas de citrinos e outros frutos. As organizações do sector privado foram incentivadas a utilizar máquinas para criar fábricas de concentrado e pomares, a fim de reduzir a importação de concentrado. Isto foi feito em dois fóruns de partes interessadas organizados pelo RMRDC em

Lagos, onde a maioria dos produtores estava representada (Jolaoso, 2011). O Conselho também realizou um estudo sobre os citrinos como matéria-prima agrícola na Nigéria e publicou um livro intitulado "Citrus Production and Processing in Nigeria" (Jolaoso et. al., 2011).

Produção de citrinos na Nigéria

Na Nigéria, estima-se que cerca de 3.900.000 toneladas de citrinos foram produzidas em 800.000 hectares de terra em 2012 (FAO, 2014). Os citrinos são cultivados na floresta tropical e na savana da Guiné, e a maioria destas áreas está localizada em zonas remotas do país. Existem dois mercados principais para os citrinos na Nigéria: o mercado de fruta fresca e o mercado de citrinos processados (principalmente sumo de laranja). As laranjas representam a maior parte da produção de citrinos, mas as uvas, os limões e as limas também são cultivados em grandes quantidades. A produção total e o consumo de citrinos aumentaram significativamente desde a década de 1980. O aumento da produção de citrinos deve-se principalmente ao aumento da área cultivada, a melhorias no transporte e na embalagem, ao aumento dos rendimentos e à preferência dos consumidores por alimentos saudáveis (UNCTAD, 2008). Os principais Estados produtores de citrinos na Nigéria incluem Benue, Nassarawa, Kogi, Ogun, Oyo, Osun, Ebonyi, Kaduna, Taraba, Ekiti, Imo, Kwara, Edo e Delta.

Situação da procura e da oferta de citrinos na Nigéria

A procura de citrinos na Nigéria cresceu rapidamente na última década e espera-se que este crescimento continue. Em comparação com os 15 milhões de consumidores de citrinos e sumos estimados em 2002, a dimensão do mercado mais do que triplicou em 2007, para cerca de 55 milhões (cerca de 37% da população). A procura nigeriana de sumos de fruta embalados foi estimada em mais de 200 milhões de litros (dos quais mais de 90% eram importados) antes da proibição dos sumos de fruta embalados pelo Governo Federal da Nigéria em 2002. Desde a proibição, o consumo de citrinos frescos e transformados continuou a aumentar cerca de 10% por ano. O consumo de sumos de fruta aumentou de 200 milhões de litros em 2002 para 320 milhões de litros em 2007. O mercado de concentrados de frutos, pré-misturas e xaropes (concentrados) aumentou assim de 1,5 milhões de kg em 2002 para cerca de 30 milhões de kg em 2007 (relatório GAIN, 2009). Este facto, associado ao conhecimento crescente dos benefícios da fruta para a saúde e à procura de fruta fresca por parte dos transformadores, mostra a promessa dos citrinos para a Nigéria se a sua cadeia de valor for adequadamente desenvolvida. Os frutos são uma parte importante da nossa dieta e desempenham um papel significativo na nutrição humana, fornecendo vitaminas e minerais (Prabhakar et al., 2004). Há uma procura crescente de frutas e produtos hortícolas no mercado mundial. Por conseguinte, as frutas e os produtos hortícolas têm uma quota de mercado em rápido crescimento (Kabas, 2010). As perdas pós-colheita durante o manuseamento, o transporte, o armazenamento e a distribuição são os maiores problemas do sector agrícola, especialmente no caso das frutas e produtos hortícolas perecíveis. Não só conduzem a uma baixa disponibilidade per capita e a grandes perdas financeiras, como também aumentam os custos de transporte e de comercialização (Subrahmanyam, 1986).

Utilizações dos citrinos

Muitos citrinos, como as laranjas, as tangerinas e as toranjas, são geralmente consumidos frescos. São descascados e podem ser cortados em segmentos. Os sumos de laranja e de toranja são bebidas populares ao pequeno-almoço, enquanto os citrinos adstringentes, como os limões e as limas, são utilizados como guarnição ou em pratos cozinhados. Os seus sumos são utilizados como ingrediente numa variedade de pratos, por exemplo, em molhos para saladas e adicionados a carne, peixe ou legumes cozinhados. Os citrinos são uma árvore de fruto importante, especialmente para a produção de sumos e concentrados de fruta de concentração única. O sumo de citrinos cobre cerca de 26% das necessidades de vitamina C, 0,9% do total de calorias diárias e 1,7% da ingestão diária de hidratos de carbono de um homem médio. Após a extração do sumo do fruto, a polpa resultante é um potencial alimento para animais e o ácido da casca (óleo) é um produto caro no mercado internacional. As sementes dos citrinos também contêm edulcorantes que estão a ser investigados como possíveis substitutos do açúcar. Os compostos naringina (um flavonoide) e neohesperoidina dihidrochalcona da toranja e do pumelo são utilizados como edulcorantes artificiais. Diz-se que têm uma doçura 1000 vezes superior à do açúcar e produzem uma doçura duradoura que só se desenvolve lentamente, com um travo semelhante ao do alcaçuz ou do mentol. As cascas de citrinos podem ser utilizadas para a produção de ácido cítrico, ácido lático, levedura alimentar e vinagre.

Cadeia de valor dos citrinos

O conceito de valor acrescentado é uma componente essencial da estratégia global para fazer face à concorrência no mercado mundial, às perdas pós-colheita e à segurança alimentar (Porter, 1985; Gibbon, 2001). A estratégia de acrescentar valor aos produtos agrícolas oferece amplas oportunidades de criação de rendimentos e de emprego, bem como de uma gestão pós-colheita eficaz. A transformação de produtos agrícolas em vários produtos inovadores promove a aceitação do mercado e acrescenta um elevado valor económico aos produtos, o que, consequentemente, proporciona um maior rendimento ao produtor (Onwualu, 2009a; Onwualu, 2010; Olife, et al., 2013a, b). A transformação também alarga o horizonte do envolvimento humano no processo de produção, criando assim uma sensibilização para a criação de emprego em sectores a jusante, como a embalagem, o marketing, a venda a retalho, a exportação, etc. (Onwualu, 2009b). Os insumos agrícolas (viveiros, fertilizantes e agroquímicos) estão na base da cadeia de valor dos citrinos e acabam em grandes empresas de transformação e exportação, bem como no mercado interno local (Figura 6). Os principais actores da cadeia de valor dos países industrializados incluem agricultores e proprietários de pomares comerciais, apanhadores de citrinos, comerciantes e exportadores locais de fruta, processadores de citrinos e indústrias que utilizam subprodutos para o fabrico de produtos especializados.

Embora a Nigéria produza milhões de toneladas de fruta fresca sazonal, as perdas pós-colheita são muito elevadas (30-60%), principalmente devido a infra-estruturas inadequadas e a custos de transporte elevados, pelo que continua a haver uma procura de importações. O sector pós-colheita abrange todas as fases da cadeia de valor, desde a produção no campo até ao consumo no prato. As actividades pós-colheita incluem a colheita, o armazenamento, a transformação, a embalagem, o transporte e a comercialização (Mrema e Rolle, 2002). As perdas de produtos hortícolas são um problema importante na cadeia pós-colheita. A falta de valor acrescentado é também um grande obstáculo à utilização do potencial dos citrinos na Nigéria. Outros desafios incluem a falta de infra-estruturas de armazenamento e conservação, a falta de variedades melhoradas, o financiamento inadequado da investigação e desenvolvimento e o mau manuseamento dos frutos durante a colheita e o transporte. A quantidade de fruta produzida na Nigéria é insuficiente, a qualidade da fruta é má, é maioritariamente de variedades tradicionais com baixo rendimento e é difícil de colher. A indisponibilidade e a não utilização de técnicas adequadas de armazenamento pós-colheita para conservar os frutos antes da transformação conduzem a grandes perdas. Além disso, a falta de agricultores organizados e de um sistema de comercialização que assegure a produção, a comercialização e a transformação sustentáveis dos frutos, o pouco ou nenhum apoio governamental ao cultivo, à comercialização, à armazenagem e à transformação dos frutos, a falta de requisitos de embalagem integrados e a falta de pomares comerciais de citrinos são outros desafios ao desenvolvimento da cadeia de valor dos citrinos na Nigéria. A relutância dos produtores de sumos de fruta e de outros investidores em investir em fábricas de concentrados e o acondicionamento inadequado dos frutos frescos também têm um impacto negativo no desenvolvimento da cadeia de valor dos citrinos.

Factores pós-colheita que influenciam a qualidade pós-colheita dos produtos frescos

São muitos os factores pós-colheita que afectam a qualidade dos produtos frescos, como se indica a seguir:

1. Nível de maturidade

2. Métodos de colheita

3. Ferramentas para a colheita e a montagem

4. Momento da colheita

5. Pré-arrefecimento

6. Seleção e classificação

7. Embalagem, material de embalagem e polarização

8. Utilização de materiais de amortecimento na embalagem (rede de espuma, recortes de papel, palha de arroz, etc.)

9. Armazenamento

10. Tipos de armazenamento

11. Temperatura durante a armazenagem e o transporte

12. HR durante a armazenagem e o transporte

13. Transporte

14. Estado da estrada

15. Padrões de carga e descarga

16. Luz solar em caixas de cartão embaladas e não embaladas

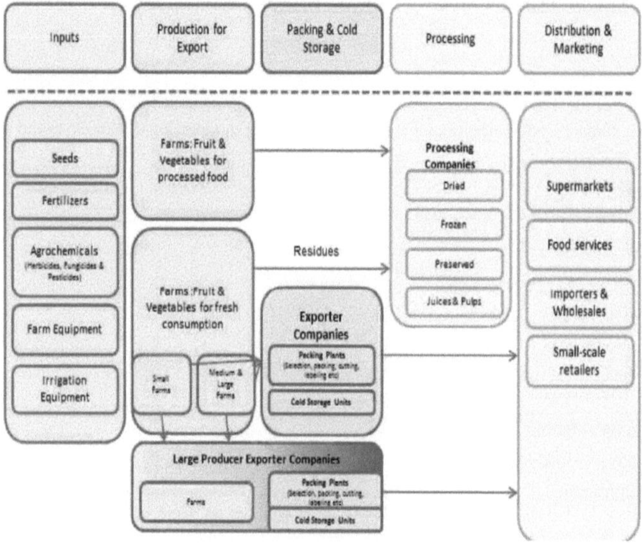

Figura 2: Cadeia de valor dos citrinos nos países industrializados Fonte: Adaptado de Karina, *e.t al.*, 2011 No entanto, a cadeia de valor dos citrinos na Nigéria não está desenvolvida (Figura 3). Os insumos agrícolas estão na base da cadeia de valor e acabam nas empresas de processamento de sumo de fruta e nos mercados domésticos de fruta fresca. Os principais intervenientes incluem proprietários de plantações, proprietários de pomares familiares, transportadores, comerciantes locais de fruta e empresas de transformação de sumo de fruta, estabelecimentos de restauração que se dedicam ao esmagamento direto (produção e venda de sumo fresco). A produção de sumos de fruta concentrados não está muito desenvolvida na Nigéria, uma vez que existe apenas uma fábrica de concentrados no Estado de Benue. A maior parte das empresas de sumos de fruta limita-se a refabricar sumos de fruta concentrados importados e

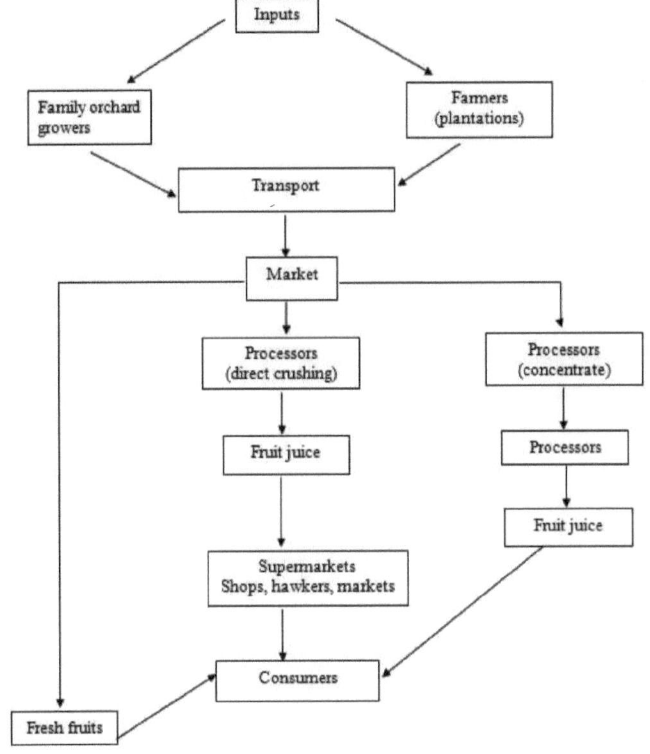

Fig. 3: Cadeia de valor dos citrinos na Nigéria

Transporte e veículo de transporte

O transporte pode ser um elo de ligação entre produtores e consumidores. É um fator essencial para manter a qualidade de todos os produtos frescos após a colheita. A maior parte dos produtos frescos na Nigéria e noutros países do mundo é transportada em veículos abertos e não refrigerados desde o campo do agricultor até ao mercado próximo ou ao mercado grossista e desde o mercado grossista até ao mercado final e às lojas dos retalhistas. Na Nigéria, não existem instalações de refrigeração ou outras instalações de armazenamento a frio para fruta. O transporte das explorações agrícolas para o mercado é difícil. Tanto o estado das estradas como a duração do transporte afectam a qualidade dos produtos frescos: Em troços montanhosos e estradas irregulares, há mais contacto e contusões do que em estradas lisas. A maior duração do transporte também afecta a qualidade. Os camiões refrigerados não devem ser mantidos desnecessariamente. Isto não só aumenta o custo do produto, como também afecta a qualidade e a disponibilidade da fruta é curta devido à sua natureza sazonal e perecível. Uma grande percentagem de citrinos é também consumida diretamente dos pomares.

Na principal época de colheita, são registadas anualmente perdas de 30-60% devido à falta de instalações de armazenamento e técnicas de processamento adequadas (Onwualu, et al., 2013). Como mostra a Figura 4 abaixo

Valores medicinais da laranja

As folhas, as flores, a casca, o fruto e a casca seca dos citrinos têm importantes valores medicinais, tal como referido por Olife at el. (2016). A casca seca dos citrinos é uma matéria-prima para a produção de insecticidas. Os citrinos são também utilizados nas indústrias farmacêutica, cosmética e de sabão. Como suplemento alimentar, os citrinos são utilizados para estimular o apetite, tratar a micose, aliviar perturbações gástricas e ajudar nas insónias. O fruto e a casca estão presentes em gotas nasais descongestionantes e em produtos para emagrecer. O fruto não maduro da laranja e a sua casca ajudam nas picadas de insectos, enquanto a casca e a raiz têm um efeito antissético e são utilizadas para tratar dores de dentes. O sumo do fruto maduro é bom como estimulante do apetite, para dentes, ossos e gengivas saudáveis e é conhecido por promover a cicatrização de feridas e úlceras. Outra utilização medicinal é no alívio da inflamação causada por nódoas negras na pele e dores musculares. A hesperidina é um bioflavonoide encontrado em doses de até 8% na casca de citrinos seca e é um potente agente vasopressor (redução da pressão arterial). Foi relatado que a pectina cítrica reduz os níveis de colesterol em 30%, a praga aórtica em 85% e a constrição da artéria coronária em 88% em estudos com animais. Outras áreas de aplicação incluem contraceptivos, laxantes, sedativos e o tratamento de inúmeras queixas, como diarreia, vómitos, medicamentos anticancerígenos, etc.

Benefícios das laranjas para a saúde:

1. As laranjas contêm substâncias fotoquímicas que protegem contra o cancro.

As laranjas são ricas em limonóides cítricos, que têm demonstrado ajudar a combater vários tipos de cancro, como o cancro da pele, do pulmão, da mama, do estômago e do cólon.

2. O sumo de laranja pode ajudar a prevenir doenças renais.

Beber sumo de laranja regularmente previne a doença renal e reduz o risco de pedras nos rins.

Nota: Beba sumos com moderação. O elevado teor de açúcar dos sumos de fruta pode causar cáries dentárias e o elevado teor de ácido pode atacar o esmalte dos dentes se consumido em excesso.

3. Estudos demonstraram que as tangerinas são eficazes contra o cancro do fígado.

De acordo com dois estudos japoneses, o consumo de tangerinas reduz o cancro do fígado. Isto pode dever-se em parte aos compostos de vitamina A conhecidos como carotenóides.

4. As laranjas reduzem o nível de colesterol.

Por serem ricas em fibras solúveis, as laranjas ajudam a baixar os níveis de colesterol.

5. São ricas em potássio e promovem a saúde do coração.

As laranjas são ricas em potássio, um mineral eletrólito que é responsável pelo bom funcionamento do coração. Se os níveis de potássio forem demasiado baixos, podem ocorrer perturbações do ritmo cardíaco, conhecidas como arritmias.

6. Reduzem o risco de doença.

As laranjas são ricas em vitamina C, que protege as células neutralizando os radicais livres. Os radicais livres estão na origem de doenças crónicas como o cancro e as doenças cardíacas.

7. As laranjas combatem as infecções virais.

Estudos demonstram que o elevado teor de polifenóis das laranjas protege contra infecções virais.

8. Ajudam a combater a obstipação.

As laranjas são ricas em fibras, que estimulam os sucos digestivos e aliviam a obstipação.

Gosta disto? Não perca outra história.

9. Contribuem para a saúde dos olhos e protegem a visão.

As laranjas são ricas em carotenóides, que são convertidos em vitamina A e ajudam a prevenir a degenerescência macular.

10. Regulam a tensão arterial elevada.

O flavonoide hesperidina contido nas laranjas ajuda a regular a tensão arterial elevada, e o magnésio contido nas laranjas ajuda a manter a tensão arterial.

11. Protegem a pele.

As laranjas são ricas em beta-caroteno, um poderoso antioxidante que protege as células dos danos. O beta-caroteno protege a pele dos radicais livres e previne os sinais de envelhecimento.

12. As laranjas alcalinizam o organismo.

Embora as laranjas sejam ácidas antes da digestão, contêm muitos minerais alcalinos que reequilibram o organismo após a digestão. Neste aspeto, são semelhantes aos limões, que são um dos alimentos mais alcalinizantes.

13. As laranjas proporcionam um amortecimento inteligente e não provocam um aumento do açúcar no sangue.

As laranjas, tal como todos os frutos, contêm açúcares simples, mas a laranja tem um índice glicémico de 40, pelo que qualquer valor inferior a 55 é considerado baixo. Isto significa que não aumentam os níveis de açúcar no sangue e não causam problemas com a insulina ou aumento de peso, desde que não coma demasiadas laranjas de uma só vez.

PowerFood rico em nutrientes

As laranjas contêm uma grande quantidade de nutrientes como a vitamina C, os precursores da vitamina A, o cálcio, o potássio e a pectina.

Principais causas de perdas.

Todas as frutas, legumes e tubérculos são partes vivas de plantas que consistem em 65 a 95 por cento de água e continuam os seus processos de vida após a colheita. O seu tempo de vida após a colheita depende do ritmo a que consomem as suas reservas alimentares armazenadas e do ritmo a que perdem água. Quando as reservas de alimentos e de água se esgotam, os produtos morrem e

decompõe-se. Qualquer fator que aumente a velocidade deste processo pode fazer com que o produto se torne não comestível antes de poder ser utilizado. As principais causas de perda são discutidas a seguir, mas na comercialização de produtos frescos todas elas funcionam em conjunto e os efeitos de todos os factores são influenciados por condições externas como a temperatura e a humidade relativa.

Deterioração fisiológica

O aumento da taxa de perda devido a alterações fisiológicas normais é causado por condições que aceleram a deterioração natural, tais como temperaturas elevadas, baixa humidade e lesões físicas. A deterioração fisiológica anormal ocorre quando os produtos frescos são expostos a temperaturas extremas, alterações atmosféricas ou contaminação. Isto pode levar a um sabor não comestível, à falta de maturação ou a outras alterações nos processos vitais do produto, tornando-o impróprio para utilização.

Danos mecânicos (lesões corporais)

O manuseamento descuidado de frutas e legumes frescos leva a contusões internas, resultando em danos fisiológicos anormais ou rasgões e lesões cutâneas, que aumentam rapidamente a perda de água e a taxa de degradação fisiológica normal. Os rasgões na pele também constituem locais de infeção para organismos patogénicos que causam a podridão.

Doenças e pragas

Todos os materiais vivos estão expostos à infestação por parasitas. Os produtos frescos podem ser afectados por doenças transmitidas pelo ar, pelo solo e pela água, antes ou depois da colheita. Algumas doenças são capazes de penetrar na pele intacta do produto; outras requerem uma lesão para causar a infeção. Os danos daí resultantes são provavelmente a principal causa de perda de produtos frescos.

As influências das três causas são fortemente afectadas pelas diferentes fases dos processos pós-colheita, que são explicadas a seguir. Todas elas têm também uma grande influência na comercialização dos produtos e no preço pago por eles.

O que fazer e o que não fazer para armazenar frutas e legumes frescos
- Ventilação adequada da zona de armazenagem, mantendo uma pequena distância entre duas linhas de empilhamento. Os sacos não devem ser armazenados no corredor destinado à circulação do pessoal e dos trabalhadores.
- Os locais de armazenamento devem ser protegidos contra roedores, mantendo a área exterior imediata limpa e livre de lixo e ervas daninhas.
- Os contentores/sacos devem ser bem ventilados e suficientemente estáveis para suportar o

empilhamento. Não empilhar os sacos para além da sua resistência ao empilhamento.

• Monitorizar a temperatura na sala de armazenamento, fixando termómetros em vários pontos.

• Não armazenar a laranja em ambientes com elevada humidade.

• Controlo da população de insectos/pragas/roedores na oficina.

• Verifique regularmente se os frutos e legumes apresentam sinais de danos causados por insectos, pragas, perda de água, amadurecimento, murchidão, etc.

• Remover os produtos danificados ou doentes para evitar a propagação de agentes patogénicos.

• Manuseie sempre os produtos com cuidado e guarde-os apenas se forem da melhor qualidade.

• Os produtos danificados perdem água mais rapidamente e têm taxas de apodrecimento mais elevadas durante o armazenamento do que os produtos não danificados e devem ser removidos.

Conceito de pós-colheita
Definição de perdas alimentares pós-colheita (PHL)

As perdas de alimentos pós-colheita (PHL) são definidas como perdas qualitativas e quantitativas mensuráveis de alimentos ao longo da cadeia de abastecimento, desde a colheita até ao consumo ou outras utilizações finais (De Lucia e Assennato, 1994; Hodges, Buzby e Bennett, 2011). As PHL podem resultar quer do desperdício alimentar quer de perdas não intencionais ao longo do percurso. *O desperdício alimentar* é a perda de alimentos comestíveis por ação ou inação humana, tal como deitar fora fruta e vegetais murchos, não comer alimentos antes da data de validade ou comer porções que não podem ser consumidas. *As perdas de alimentos*, por outro lado, são perdas não intencionais de quantidades de alimentos devido a limitações de infra-estruturas e de gestão numa determinada cadeia de valor alimentar. As perdas de alimentos podem ser o resultado de uma perda quantitativa direta ou indiretamente através de uma perda qualitativa. As perdas de alimentos e o desperdício alimentar contribuem para as perdas de alimentos pós-colheita. As perdas de alimentos podem ser quantitativas, medidas pela redução de peso ou volume, ou podem ser *qualitativas*, como a redução do valor nutricional e alterações indesejáveis no sabor, cor, textura ou características cosméticas dos alimentos (Buzby e Hyman, 2012). A perda quantitativa de alimentos pode ser definida como uma redução no peso de grãos comestíveis ou alimentos disponíveis para consumo humano. A perda quantitativa é causada pela redução do peso devido a factores como o derrame, o consumo por pragas e também alterações físicas na temperatura, teor de humidade e alterações químicas (FAO, 1980). Esta definição não é satisfatória porque os grãos alimentares sofrem perda de peso através da secagem, um processo pós-colheita necessário para todos os grãos (FAO, 1980). Embora este processo implique uma redução considerável do peso, não se perde qualquer valor alimentar, pelo que não deve ser contabilizado como uma perda. Por isso, apenas as perdas quantitativas devidas a derrames e outras perdas não intencionais ao longo da cadeia de abastecimento são consideradas na nossa análise e não as perdas de peso intencionais devidas à secagem ou a outro tipo de processamento. *A perda qualitativa* pode ser causada pela presença de insectos, ácaros, roedores e aves ou pelo manuseamento, alteração física ou química da gordura, dos hidratos de carbono e das proteínas, bem como pela contaminação com micotoxinas, resíduos de pesticidas, restos de insectos ou excrementos de roedores e aves e seus cadáveres. Se esta deterioração da qualidade fizer com que os alimentos se tornem impróprios para consumo humano e sejam rejeitados, contribui para a perda de alimentos33 . Cultivar alimentos exige tempo e dinheiro, e se o agricultor não se limita a fornecer alimentos para o seu agregado familiar, torna-se automaticamente parte da economia de mercado: tem de vender os seus produtos, tem de cobrir os seus custos e tem de obter lucros.

Calcula-se que 25% dos alimentos nos países em desenvolvimento se perdem após a colheita devido a manuseamento incorreto, deterioração e infestação por pragas. Isto significa que um quarto dos alimentos produzidos nunca chega ao consumidor para o qual foram cultivados e que o esforço e o dinheiro necessários para os produzir se perdem para sempre. A fruta, os legumes e as raízes são muito menos resistentes e, em geral, perecem rapidamente e, se não forem tomados cuidados durante a colheita, o manuseamento e o transporte, depressa se estragam e se tornam impróprios para consumo humano. As estimativas das perdas de produção nos países em desenvolvimento são difíceis de avaliar, mas algumas autoridades estimam que as perdas de batata-doce, plátanos, tomates, bananas e citrinos podem atingir 50%, ou seja, metade da quantidade cultivada. A redução destas perdas, especialmente se for economicamente evitável, seria de grande importância tanto para os produtores como para os consumidores.

CAPÍTULO 4 MEDIÇÃO DAS PERDAS DE ALIMENTOS

A medição consistente das perdas de alimentos é um primeiro passo necessário para atingir o objetivo de reduzir a PHL. Devido a "problemas de medição", até agora não se registaram muitos progressos nesta direção. Atualmente, não existe uma definição normalizada de perdas de alimentos. Também não existem métodos acordados para a medição normalizada destas perdas. O problema da uniformidade na medição das perdas decorre das diferentes circunstâncias sociais, económicas, ambientais e políticas das diversas regiões do mundo. Por exemplo, certos tipos de danos nos cereais podem levar à sua rejeição num país, ao passo que esses cereais podem ser utilizados para consumo humano noutro país.

Os Estados Unidos utilizam um método de cálculo dos resíduos gerados em várias fases da produção agrícola para determinar dados ajustados às perdas sobre a disponibilidade de alimentos nos Estados Unidos. Este programa foi iniciado pelo USDA em 1970 para registar os resíduos alimentares. Estão disponíveis dados sobre a disponibilidade de alimentos a partir de 1909, mas devido a limitações nos factores utilizados no cálculo, os dados de disponibilidade ajustados às perdas só estão disponíveis para a última parte do século. Os dados de disponibilidade de alimentos ajustados às perdas do ARS (LAFA) são um indicador padrão do consumo de alimentos, uma vez que fornecem a quantidade estimada de alimentos disponíveis para consumo humano após o ajustamento para a deterioração dos alimentos e outras perdas (ARS, 2008, Buzby e Hyman, 2012).

Os valores relativos à disponibilidade de géneros alimentícios por capital são utilizados para calcular os dados das ZDLA. A oferta total de alimentos é ajustada para incluir as exportações, as importações e as existências, de modo a que os dados sobre a disponibilidade total de alimentos estejam disponíveis. A disponibilidade alimentar per capita é calculada com base nos dados demográficos dos Censos dos EUA. Estes dados de disponibilidade alimentar são depois ajustados para ter em conta três factores de perda. O primeiro inclui as perdas ao nível da produção primária, ou seja, da exploração agrícola até ao retalho. O segundo é a perda ao nível do retalho, como supermercados, hipermercados e outros pontos de venda a retalho, incluindo lojas de conveniência e pequenas mercearias. As perdas em restaurantes e outros estabelecimentos de restauração não estão incluídas. Por último, são também tidas em conta as perdas a nível do consumidor. Isto inclui as perdas de alimentos consumidos pelos consumidores e pelos fornecedores de serviços alimentares em casa e fora de casa. Estes dados provêm da Base de Dados Nacional de Nutrientes para Referência Padrão, compilada pelo Serviço de Investigação Agrícola do USDA (ARS, 2008; Buzby e Hyman, 2012).

1.5.3 Revisão dos métodos existentes e lacunas

Apenas alguns estudos foram efectuados para estimar a PHL. A maior parte dos trabalhos publicados sobre a estimativa das PHL são iniciativas da FAO baseadas em inquéritos nos países em desenvolvimento. Outros trabalhos incluem métodos de estimativa como os dados ajustados às perdas em países industrializados com inconsistências significativas nos dados de entrada e poucos estudos independentes específicos de países e grupos de produtos. Ao conceber estudos para estimar a PHL, o primeiro desafio consiste em estabelecer um método para medir com exatidão a perda de peso que será utilizada para estimar a PHL total. O método convencional para estimar as perdas no milho é o rácio entre o peso das espigas rejeitadas e o peso das espigas boas (Compton, Floyd, Ofosu e Agbo, 1998). Este método tende a subestimar as perdas porque não tem em conta as espigas parcialmente cheias ou parcialmente danificadas. Por conseguinte, Compton et al. (1998) propuseram um método modificado de contagem e pesagem (método gravimétrico) para determinar a perda de peso das espigas de milho armazenadas (Compton, Floyd, Ofosu e Agbo, 1998). Este método foi também utilizado em numerosos outros estudos sobre o milho noutras partes do mundo. Foram colhidas amostras de cada uma destas seis classes de danos para estimar os coeficientes de classe de danos da equação (1) utilizada neste método. A perda de peso média para cada classe de danos foi utilizada como uma estimativa preliminar do coeficiente. Posteriormente, os coeficientes foram ajustados após se ter obtido uma correspondência entre a percentagem de perda de grãos visível (Visloss) e a perda de peso da espiga (Wgtloss). A perda de grãos visível foi estimada pelo método da balança visual e da pesagem e a perda de peso foi estimada pelo método modificado de pesagem e contagem acima referido. Estes coeficientes foram ajustados repetidamente dentro de intervalos adequados para obter a melhor concordância visual entre Visloss e Wgtloss. Subsequentemente, a perda total foi estimada com base no método do código visual, utilizando a seguinte equação.

$$\frac{0\%N1 + 2\%N_2 + 15\%N_3 + 30\%N_4 + 40\%N_5 + 80\%N_6}{NT} \qquad (1)$$

Em que: N1,...,N6 é o número de frascos das classes 1 a 6 da amostra, NT = número total de frascos da amostra e Visloss é a perda de peso estimada.

Um estudo efectuado no Punjab (Índia) fornece um exemplo de estimativa das perdas pós-colheita de um produto perecível. O estudo foi efectuado para o kinnow (citrinos) utilizando uma amostragem aleatória na maior região produtora do Estado em 2004-05 (Gangwar, Singh e Singh, 2007). Os dados foram recolhidos durante a época de colheita e comercialização da fruta, utilizando um questionário pré-testado através de entrevista pessoal. Foram utilizadas médias simples e percentagens para calcular as perdas pós-colheita em diferentes fases da cadeia de abastecimento do kinnow. As perdas pós-colheita também variaram consoante a distância ao mercado. Quando comercializados em mercados de média distância, as PHLs foram de 5,15%, enquanto que nos mercados de longa distância foram de 8,17%. As perdas totais foram de 14,47% no mercado de Deli e de 21,91% no mercado de Bangalore.

Um outro relatório refere que

Um inquérito realizado entre 2011 e 2012 no Vale de Rusitu, Distrito de Chimanimani, Zimbabué (Stephen at. el 2012) para determinar as perdas de laranjas e as percepções dos agricultores na cadeia de valor da laranja doce (*Citrus sinensis*) revelou que, em média, um pequeno agricultor no Vale de Rusitu tem um pomar de 4047 m2 (um hectare) com uma média de 55 laranjeiras e que um agricultor colheu 1 200 kg de laranjas por árvore, totalizando 66 000 kg de produtos de laranja por estação. O estudo concluiu que o agricultor médio perdeu 480 kg de laranjas por árvore, o que se traduz em 26 400 kg por agricultor, ou seja, 40% de perda por agricultor durante a campanha. Com base no número total de produtores de laranja no Vale do Rusitu, a perda total foi de 89.529.600 kg. Cerca de 54% dos inquiridos afirmaram que as maiores perdas pós-colheita se deveram à infestação de moscas da fruta, enquanto 36% associaram essas perdas às formigas tecelãs vermelhas (*Oecophylla* spp.). Ao utilizar uma mistura de metil eugenol e malatião na mesma estação, a mosca invasora africana, *Bactrocera invadens,* foi claramente identificada. A falta de instalações adequadas de armazenamento e transporte foi a principal razão para as elevadas perdas pós-colheita. Deve ser desenvolvido um pacote de extensão de citrinos centrado no controlo de pragas e na gestão sustentável pós-colheita para reforçar a capacidade dos pequenos agricultores no vale de Rusitu, Rewati at, el (2013) realizou um estudo sobre as perdas pós-colheita de tangerinas; um estudo de caso do distrito de Dhankuta, Nepal. Verificou-se que a perda pós-colheita desde a colheita até à distribuição é de 46%. As perdas durante a colheita, o transporte, a classificação, a embalagem e a comercialização foram de 7, 25, 3, 1 e um máximo de 5%, respetivamente. A redução das perdas pós-colheita de laranjas é uma forma muito eficaz de reduzir a área necessária para a produção e/ou aumentar a disponibilidade de alimentos. Este ano, a produção de laranjas foi 40 a 50 % inferior à do ano passado. Consequentemente, o preço duplicou. A produção segue um ciclo diferente todos os anos. As perdas durante a colheita, o transporte, a seleção, a embalagem e a comercialização foram de 7, 25, 3, 1 e um máximo de 5 %, respetivamente. As perdas durante o armazenamento foram de 5 % durante 2 a 4 dias em *Krish Bazar* e de 40,1 % durante 21 dias em condições experimentais numa sala. As perdas em condições experimentais incluíram 15,02% de perdas por evaporação, 14,34% de perdas patológicas e 10,74% de outras perdas. A doença mais frequentemente observada foi a infeção fúngica das laranjas. Ocorrem perdas significativas durante o processo de distribuição e comercialização, que vão desde uma ligeira perda de qualidade até à deterioração total. As perdas pós-colheita podem ocorrer em qualquer ponto do processo de comercialização, desde a primeira colheita, passando pela montagem e distribuição, até ao consumidor final. As causas das perdas são múltiplas: danos físicos durante o manuseamento e o transporte, deterioração fisiológica, perda de água, agentes patogénicos, etc. A redução das perdas pós-colheita reduz os custos de produção, comercialização e distribuição, diminui o preço para o consumidor e aumenta o rendimento do agricultor. A redução das perdas pós-colheita de laranjas é muito importante, pois garante que todos os habitantes do nosso planeta disponham de alimentos suficientes, tanto em quantidade como em qualidade. Os produtores pós-colheita devem coordenar os seus esforços com os dos produtores de produção, economistas de marketing agrícola, engenheiros, tecnólogos alimentares e outros envolvidos em vários aspectos do sistema de produção e comercialização.

Basari et, al (2015) analisaram a segurança alimentar e as perdas pós-colheita na comercialização de fruta na metrópole de Lagos, na Nigéria. Para a análise, foram utilizadas frequências e percentagens, análises de regressão e de custo-retorno. Os resultados mostraram que a maioria (72%) dos comerciantes tem idades compreendidas entre os 30 e os 49 anos, com a maior concentração na faixa dos 30-39 anos. A idade média é de 41,66 anos. Cerca de 50% dos comerciantes são casados. 69% dos comerciantes de fruta são do sexo feminino, enquanto 31% são do sexo masculino. Além disso, 72% dos inquiridos têm o ensino primário, enquanto 49% dos comerciantes de fruta têm uma experiência de comercialização de 10-19 anos. Os resultados da análise de regressão múltipla mostraram que os anos de educação formal, a experiência de comercialização, o rendimento anual, o custo de transporte e o custo médio dos frutos foram os determinantes significativos das perdas pós-colheita na comercialização de fruta. Os resultados do estudo indicam que as perdas pós-colheita entre os comerciantes de fruta são muito elevadas. A minimização das perdas pós-colheita de laranjas é uma forma muito eficaz de reduzir a área necessária para a produção e/ou aumentar a disponibilidade de alimentos. A produção de laranjas este ano foi 40 a 50 % inferior à do ano passado. Consequentemente, o preço duplicou. A produção segue um ciclo diferente todos os anos. As perdas durante a colheita, o transporte, a seleção, o acondicionamento e a comercialização foram de 7, 25, 3, 1 e um máximo de 5%, respetivamente. As perdas durante o armazenamento foram de 5 % durante 2 a 4 dias em *Krish Bazar* e de 40,1 % durante 21 dias em condições experimentais numa sala. As perdas em condições experimentais incluíram 15,02% de perdas por evaporação, 14,34% de perdas patológicas e 10,74% de outras perdas. A doença mais frequentemente observada foi a infeção fúngica das laranjas. Ocorrem perdas significativas durante o processo de distribuição e comercialização, que vão desde uma ligeira perda de qualidade até à deterioração total. As perdas pós-colheita podem ocorrer em qualquer ponto do processo de comercialização, desde a primeira colheita, passando pela montagem e distribuição, até ao consumidor final. As causas das perdas são múltiplas: danos físicos durante o manuseamento e o transporte, deterioração fisiológica, perda de água, agentes patogénicos, etc. A redução das perdas pós-colheita reduz os custos de produção, comercialização e distribuição, diminui o preço para o consumidor e aumenta o rendimento do agricultor. A redução das perdas pós-colheita de laranjas é muito importante para garantir a disponibilidade de alimentos suficientes para todos os habitantes do nosso planeta, tanto em quantidade como em qualidade. Os produtores pós-colheita devem coordenar os seus esforços com os dos produtores de produção, economistas de marketing agrícola, engenheiros, tecnólogos alimentares e outros envolvidos em vários aspectos do sistema de produção e comercialização.

Olife et., al (2015) concluíram nos seus estudos que a importação de quase 95% dos concentrados de sumo de fruta para o país mostra que existe uma lacuna entre a oferta e a procura na indústria de sumos de fruta. Esta situação está atualmente a custar à Nigéria até 400 milhões de dólares em custos de importação. Espera-se que a indústria se integre no sentido inverso, investindo na criação de plantações de citrinos, na transformação de concentrados de sumo de fruta e noutros produtos cítricos. Este é um desafio que a indústria de sumos de fruta tem de enfrentar. As perspectivas para a indústria nigeriana de sumos de fruta são enormes, tendo em conta o grande número de consumidores, a enorme área cultivada com citrinos e a escassez de mão de obra e de materiais. O investimento na produção e transformação de citrinos terá um grande efeito multiplicador, uma vez que não só melhorará a economia do país como também assegurará a criação de milhões de postos de trabalho e melhorará o rendimento e o nível de vida de todos os intervenientes na cadeia de valor. A raiz do problema está na investigação e no desenvolvimento. É necessário investir na investigação e no desenvolvimento a todos os níveis da cadeia de valor, a fim de assegurar melhores práticas de cultivo para aumentar o rendimento por hectare, a introdução de variedades exóticas, técnicas de transformação e a reengenharia da cadeia de abastecimento. Numerosos estudos e observações no terreno ao longo dos últimos 40 anos indicam que 40-50% das culturas hortícolas produzidas nos países em desenvolvimento se perdem antes de poderem ser consumidas, principalmente devido a elevados níveis de contusões, perda de água e subsequente deterioração durante o manuseamento pós-colheita (Kitinoja 2002; Ray e Ravi 2005). A perda de nutrientes (perda de vitaminas, antioxidantes e substâncias promotoras de saúde) ou a redução do valor de mercado são outras perdas importantes que ocorrem nos produtos frescos. A qualidade dos produtos frescos é determinada por muitos factores. O efeito combinado de todos os factores determina a velocidade de deterioração e deterioração (Siddiqui et al. 2015; Barman et al. 2015; Nayyer et al. 2015). Se estes factores não forem devidamente controlados, conduzem a perdas pós-colheita em grande escala. De acordo com Kader (2002), cerca de um terço de todas as frutas e legumes frescos são perdidos antes de chegarem ao consumidor. Outra estimativa indica que cerca de 30-40% de toda a produção de frutas e legumes se perde entre a colheita e o consumo final (Salami et al. 2010). A deterioração da qualidade começa na colheita e continua até ao consumo ou acaba por se estragar se não for consumida ou conservada. O sucesso ou fracasso de qualquer plano de negócios relacionado com produtos frescos depende inteiramente da gestão dos factores que influenciam a qualidade. Isto é óbvio, uma vez que a fruta e os legumes frescos estão naturalmente vivos, percorrendo o resto do seu ciclo de vida após a colheita e estragando-se naturalmente. Devido a estas características, os frutos e produtos hortícolas frescos são bens perecíveis. Os países industrializados estão numa posição muito boa, pois desenvolveram bons sistemas de gestão pós-colheita e infra-estruturas para a preservação da qualidade. Ao mesmo tempo, os países em desenvolvimento estão muito atrasados neste domínio, ou seja, não dispõem de boas práticas pós-colheita nem de infra-estruturas de apoio à manutenção da qualidade. As consequências desta falta são muito elevadas nos países em desenvolvimento. Esta é uma das razões pelas quais as perdas pós-colheita de fruta e produtos hortícolas frescos são estimadas em 5 a 35% nos países industrializados e em 20 a 50% nos países em desenvolvimento (Kader 2002). Segundo consta, 40-50% das culturas hortícolas produzidas nos países em desenvolvimento perdem-se antes de poderem ser consumidas, principalmente devido aos elevados níveis de contusões, perda de água e subsequente deterioração durante o manuseamento pós-colheita (Kitinoja 2002; Ray e Ravi 2005). Muitas outras alterações ocorrem tanto nos frutos como nos produtos hortícolas após a colheita. As alterações são mais pronunciadas em frutos e produtos hortícolas climatéricos do que em frutos e produtos hortícolas não climatéricos. Algumas mudanças são desejáveis do ponto de vista do consumidor, mas a maioria é indesejável. O desenvolvimento da doçura, da cor e do sabor são os melhores exemplos de alterações desejáveis. Estas alterações desejáveis duram apenas alguns dias. Esta é a fase que é apreciada por quase todos os consumidores. Ao mesmo tempo, o tempo de conservação é reduzido e ocorrem muitas alterações indesejáveis, como a perda de água, o encolhimento, a murchidão, a degradação da parede celular, o amolecimento, as perturbações fisiológicas, o amadurecimento excessivo, a infestação por doenças, o apodrecimento e muito mais. Todas estas alterações acabam por afetar a qualidade se não forem controladas. Estas alterações nos produtos frescos não podem ser travadas, mas podem ser abrandadas dentro de certos limites se os factores responsáveis pela deterioração puderem ser minimizados. Isto é importante porque prolonga o prazo de validade e o período de comercialização dos produtos frescos e mantém a sua qualidade durante o manuseamento pós-colheita. Existem alguns métodos e tecnologias comprovados que podem retardar as alterações indesejáveis para garantir uma disponibilidade mais longa, por exemplo, o controlo da temperatura e da humidade mínimas ideais durante a armazenagem, a embalagem adequada, o transporte e a manutenção da atmosfera de armazenagem.

A análise destes estudos anteriores mostra que a medição dos inquéritos pós-colheita pode ser utilizada, podendo as perdas medidas ser atribuídas a um certo número de factores para obter parâmetros que podem mais tarde ser utilizados para prever as perdas. A ideia subjacente é utilizar factores cujos valores estão facilmente disponíveis ou são calculáveis, tais como os índices existentes que indicam a qualidade da cadeia de abastecimento, a zona agro-climática e outros factores. A segunda observação feita ao analisar estes estudos é que o tipo e a frequência das perdas podem variar significativamente consoante os produtos, especialmente quando se comparam produtos perecíveis e não perecíveis. Por exemplo, *os cereais* embalados e *os citrinos* são susceptíveis de sofrer diferentes níveis de perdas durante o transporte em situações semelhantes de exploração, colheita e comercialização. Por conseguinte, a distância ao mercado pode não ser importante para os cereais, mas é muito importante para os produtos perecíveis nos países em desenvolvimento.

1.5.5 Quadro de estimativa das perdas de alimentos pós-colheita

A fim de desenvolver uma metodologia normalizada para avaliar as perdas pós-colheita de géneros alimentícios, é necessário compreender os conceitos de perdas. Os investigadores utilizam uma vasta gama de variações. Este facto pode ser atribuído à complexidade e variabilidade de todos os processos pós-colheita envolvidos na passagem dos alimentos da colheita para a mesa. A melhor maneira de compreender

o modelo teórico ou concetual é compreender as etapas que compõem as operações pós-colheita. Os alimentos percorrem a cadeia de valor desde a colheita até ao consumo. Em cada etapa da cadeia, há perdas que contribuem para o PHL global. A perda em cada fase é determinada por vários factores, dos quais se apresentam exemplos na Figura 1. A importância relativa de uma determinada fase ou fator na contribuição para a PHL global varia de país para país e de produto para produto. Por exemplo, é provável que sejam tidos em conta menos factores na estimativa das perdas numa cadeia verticalmente integrada e altamente desenvolvida do que numa cadeia menos integrada em que o produto passa por várias transacções antes de chegar ao ponto de venda a retalho. Assim, embora o quadro concetual seja o mesmo para todos os países e produtos de base, o modelo econométrico utilizado para o PHL variará de país para país e de produto para produto de base. A nossa futura análise econométrica excluirá as perdas durante as fases de colheita e consumo na cadeia de valor.

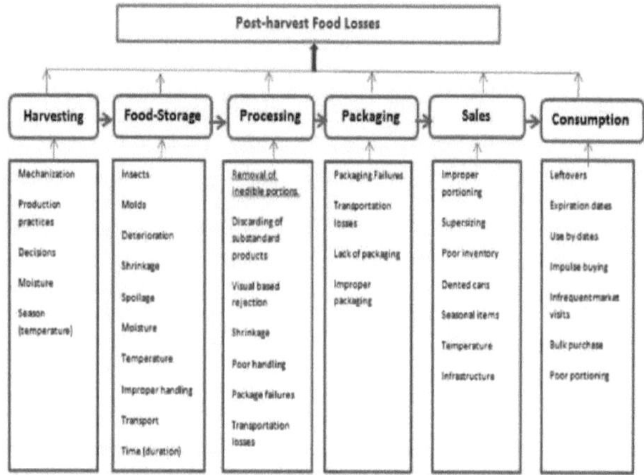

Figura 1: Modelo concetual para estimar as perdas pós-colheita, retirado de (Aulakh e Regmi 2014).

Como já foi mencionado na revisão da literatura, as condições de transporte e a distância de transporte desempenham um papel importante na influência da extensão do PHL. Distâncias mais longas, meios de transporte deficientes e contentores de armazenamento desactualizados conduzem a PHLs mais elevadas. Além disso, as condições de armazenamento, como a temperatura, a humidade, a tecnologia, o material do contentor e o edifício, contribuem grandemente para as perdas que ocorrem nesta fase. A humidade e a temperatura elevadas proporcionam um ambiente favorável à proliferação de pragas e bolores. Também conduzem a uma deterioração biológica mais rápida, catalisando o processo de amadurecimento. Quanto mais longo for o período de armazenamento, maiores serão as hipóteses de estas pragas completarem o seu ciclo reprodutivo e se multiplicarem. A taxa de reprodução das pragas e bolores depende essencialmente da espécie que infestou o produto. A transformação de géneros alimentícios originalmente armazenados ou frescos é uma parte essencial para os tornar comercializáveis e satisfazer as exigências dos consumidores. O estado das instalações de transformação desempenha um papel importante na determinação da extensão das PHL. As perdas de géneros alimentícios nas unidades de transformação podem resultar da aquisição de produtos inferiores que não satisfazem os requisitos dos departamentos de vendas e de marketing. Estes produtos são depois deitados fora. A inspeção visual por parte dos funcionários também pode desempenhar um papel importante, uma vez que podem deitar fora alimentos contaminados (cereais e carne) ou produtos deformados (fruta e legumes). O encolhimento súbito devido a flutuações de temperatura e humidade pode também levar a que alguns produtos agrícolas sejam deitados fora nas unidades de transformação. A embalagem dos produtos transformados é influenciada por numerosos factores biológicos e técnicos. Nas cadeias de abastecimento menos desenvolvidas, não existem normas ou existem normas inadequadas para os materiais de embalagem, o que leva a uma rápida deterioração. A falta de embalagem adequada leva a perdas de transporte quando o produto embalado é transportado para o mercado. Os alimentos mal embalados perdem rapidamente a humidade quando expostos a condições desfavoráveis, o que, por sua vez, leva à perda de alimentos. Estas perdas podem ser ainda maiores se a má embalagem for acompanhada por uma má logística de comercialização. Uma logística de mercado deficiente é um problema importante nas cadeias de abastecimento alimentar menos desenvolvidas.

Materiais e métodos

Este estudo foi efectuado no Estado de Kano. [0000]O Estado de Kano está situado na parte norte da Nigéria, entre as latitudes 10 3 3' e 12 37' e as longitudes 7 34 e 9 25'E. O censo de 2006 estima a população do Estado de Kano em 9.383.68 habitantes. Com uma taxa de crescimento anual de 3,3 %, a população do Estado de Kano poderá aumentar para 12 480 298 habitantes em 2016. As principais tribos são os Hausa e os Fulani, mas outros grupos que habitam o Estado incluem quase todas as tribos maiores e menores da Nigéria. Outros cidadãos de diferentes continentes do mundo também se encontram em Kano (KNSG, 2006). Administrativamente, o estado é constituído por 44 áreas governamentais locais. (KNARDA, 1995).

O mercado de fruta de Yan Lemo está situado na comunidade de Kumbotso, ao longo da estrada Na'ibawa Zaria. A Faculdade de Educação Sa'adatu Rimi, em frente, foi selecionada para o estudo porque o mercado tem uma grande concentração de comerciantes de laranja a retalho e por grosso.

TECNOLOGIA DE EXTRACÇÃO

Foi utilizado um processo de amostragem em várias fases para selecionar a amostra na área de estudo. Na primeira fase, foi especificamente selecionado um mercado importante para a comercialização de laranjas, o mercado Na'ibawa 'Yanlemu. Na segunda fase, 20% dos comerciantes foram seleccionados aleatoriamente a partir de uma amostra de 200 comerciantes.

Ferramentas de análise.

Os dados do estudo foram analisados utilizando estatísticas descritivas e o modelo de estimativa das perdas pós-colheita (PHLE). As estatísticas descritivas são utilizadas para atingir os objectivos i), ii) e iv), enquanto o modelo PHLE é utilizado para atingir o objetivo iii).

Estatísticas descritivas.

A estatística descritiva é uma das ferramentas analíticas mais simples e mais frequentemente utilizadas pela maioria dos investigadores (Edward, 1996). É utilizada para descrever quantidades relativamente grandes de dados e resumi-los em formas significativas para que possam ser facilmente interpretados (Babalola, et al, 2002). As estatísticas descritivas, como a frequência, a percentagem, a média e o erro padrão, são utilizadas para descrever as características socioeconómicas dos comerciantes de laranja, identificar as causas das perdas pós-colheita e determinar as estratégias utilizadas pelos comerciantes para reduzir as perdas.

Modelo de estimativa das perdas pós-colheita (PHLE)

A PHL total em cada fase do teste pós-colheita para um determinado produto é a soma das perdas de alimentos que ocorrem em cada fase do processo (Aulakh, Regmi, 2014 e Suleiman, Bada 2015), o modelo PHLE é expresso como:

$$\text{TPHL} = \sum \left(\sum S_i + \sum P_i + \sum R_i + \sum T_i \right) \ldots \ldots \ldots (1)$$

Onde

TPHL = Perdas totais pós-colheita (kg)

S_i = PHL durante a triagem (kg)

P_i = PHL durante o acondicionamento (kg)

R_i = PHL durante a armazenagem (kg)

T_i = PHL durante o transporte (kg). Kader e Rolle (2004) referiram que as principais causas de PHL são a deterioração fisiológica, os danos mecânicos e os danos patológicos.

PHL Durante a triagem é dado como:

$$S_i = \sum \left(S_m + S_p + S_d \right) \ldots \ldots \ldots (2)$$

Onde:

Si- Perda total após a colheita durante a triagem (kg)

Sm = quantidade de laranjas perdidas devido a danos mecânicos durante a seleção (kg)

Sp = quantidade de laranjas perdidas devido à deterioração fisiológica durante a seleção (kg)

Sd = quantidade de laranjas perdidas devido a doenças e pragas durante a seleção (kg).

O PHL durante o acondicionamento é indicado como:

$$p_i = \sum (p_m + p_p + p_d) \ldots\ldots\ldots (3)$$

Onde:

Pi- perda total após a colheita durante o acondicionamento (kg)

Pm = quantidade de laranjas perdidas devido a danos mecânicos durante o acondicionamento (kg)

Pp = quantidade de laranjas perdidas devido à deterioração fisiológica durante o acondicionamento (kg)

Pd = quantidade de laranjas perdidas devido a doenças e pragas durante o acondicionamento (kg).

PHL Durante o armazenamento é indicado como:

$$R_i = \sum (r_m + r_p + r_d) \ldots\ldots\ldots (4)$$

Onde:
Ri- perda total após a colheita durante a armazenagem (kg)
rm = quantidade de laranjas perdidas devido a danos mecânicos durante a armazenagem (kg).

rp = quantidade de laranjas perdidas devido a deterioração fisiológica durante a armazenagem (kg) rd = quantidade de laranjas perdidas devido a doenças e pragas durante a armazenagem (kg). O PHL durante o transporte é dado como
$$T_i = \sum (t_m + t_p + t_d) \ldots\ldots\ldots (5)$$
Onde:

Ti- perda total após a colheita durante o transporte, (kg)

tm = quantidade de laranjas perdidas devido a danos mecânicos durante o transporte (kg).

t_p = quantidade de laranjas perdidas devido à deterioração fisiológica durante o transporte (kg).

t_d = quantidade de laranjas perdidas devido a doenças e pragas durante o transporte (kg).

Quadro 1: Sexo, idade, nível de escolaridade, filiação associativa e experiência comercial dos comerciantes de laranja.

Gender	frequency	percentages
Male	40	100
Female	0	0
Total	40	100
Age		
18-29	25	62.5
30-39	8	20
40-49	6	15
50-abv	1	2.5
Total	40	100
Primary	9	22.5
Secondary	19	47.5
Tertiary	6	15
Quaranic	6	15
Total	40	100
Membership of association		
Yes	27	92.5
No	3	7.5
Total	40	100
Trading experience		
1 -10 yrs	10	25
11– 20	25	62.5
20 – abv	5	12.5

Fonte: Estudo de campo de 2017.

O resultado da Tabela 1 mostra que todos os vendedores de laranja na área de estudo (100%) eram do sexo masculino. Isto deve-se à religião e ao contexto sociocultural da zona, pelo que as mulheres estão envolvidas nas actividades de interior (Okoh *et al.*, 2008). O grupo etário dos 18 aos 29 anos dominou a comercialização com 62,5%, o que mostra que os comerciantes de laranja estavam na sua fase ativa e, por conseguinte, deveriam ser capazes de desempenhar a sua função de comercialização de forma eficaz. A educação é importante para analisar objetivamente o problema, planear e implementar decisões e avaliar o negócio. Adesina e Kahinde (2008). Os resultados relativos ao nível de habilitações literárias mostram que 22,5%, 47,5%, 15% e 15% dos inquiridos tinham concluído o ensino primário, secundário, superior e de quarentena, respetivamente. 92,5 % dos inquiridos eram membros de uma cooperativa, 72,5 % eram

Os anos de experiência comercial têm grande influência na capacidade de gestão e de decisão na comercialização dos produtos agrícolas. Os anos de experiência comercial têm uma grande influência nas competências de gestão e na tomada de decisões na comercialização de produtos agrícolas. 25%, 62,5% e 12,5% têm experiência comercial entre (1-10 anos), (11-20 anos) e mais de 21 anos, respetivamente.

Quadro 2: Causas de perdas pós-colheita na comercialização de laranjas.

Causes of post harvest loss	wholesalers		retailers	
	frequency	%	frequency	%
Poor transportation				
Yes	40	100	36	80
No	0	0	4	20
Total	40	100	40	100
Pest and diseases				
Yes	25	62.5	34	67
No	15	37.5	6	23
Total	40	100	40	100

Fraco patrocínio do mercado

Yes	19	47.5	10	20
No	21	52.5	30	80
Total	40	100	40	100
Lack of PH management skill				
Yes	30	75	37	85
No	10	25	3	15
Total	40	100	40	100
Poor storage facility				
Yes	35	87.5	33	87
No	5	12.5	7	13
Total	40	100	40	100

Fonte: Estudo de campo de 2017.

O transporte é a deslocação de pessoas, animais e mercadorias de um local para outro. Os modos de transporte incluem o ar, o comboio, a estrada, a água, o cabo, as condutas e o espaço. O sector pode ser dividido em infra-estruturas, veículos e operações. Os transportes são importantes porque permitem o comércio entre as pessoas, o que é essencial para o desenvolvimento da civilização. O resultado do Quadro 2 mostra que a falta de transporte é uma das causas das perdas pós-colheita na comercialização da laranja, tanto a nível grossista como retalhista. 100% dos grossistas concordaram que o transporte deficiente causa perdas pós-colheita, enquanto 80% dos retalhistas concordaram que o transporte deficiente é a causa das perdas pós-colheita. 62,5% dos grossistas e 67% dos retalhistas inquiridos concordaram que as pragas e doenças causam perdas pós-colheita na comercialização da laranja, enquanto 37,5% dos grossistas e 33% dos retalhistas discordaram que as pragas e doenças causam perdas pós-colheita. 52,5% dos grossistas e 80% dos retalhistas afirmaram que o fraco patrocínio do mercado não é uma causa das perdas pós-colheita, o que implica que existe um mercado para as laranjas. 75% dos grossistas e 85% dos retalhistas afirmaram que a falta de conhecimentos sobre a gestão pós-colheita é a causa das perdas pós-colheita.

Enquanto 25% dos grossistas e 15% dos retalhistas disseram que não, este resultado indica que os comerciantes de laranjas precisam de conhecimentos sobre gestão pós-colheita. As más instalações de armazenamento são uma das causas das perdas pós-colheita. 87,5% dos grossistas concordaram, enquanto 12,5% discordaram. Do mesmo modo, os retalhistas concordaram com 87%, enquanto 13% discordaram. Este resultado indica que o mau armazenamento é um problema para a comercialização da laranja.

Quadro 3: Determinação da quantidade e do valor das perdas pós-colheita nas laranjas.

Actor	stages	qty (dozen)/50kg bag	value(N)
Wholesale			
	sorting	51	7650
	packaging	20	3000
	storage	78	11700
	transportation	60	9000
	total	209	31350
Retailers			
	sorting	36	7200
	packaging	12	2400
	storage	64	12800
	transportation	52	10400
	total	164	32800

Fonte: Estudo de campo de 2017.

Seleção: Prática que consiste em separar os produtos em função da sua qualidade. Os classificadores descartam os produtos danificados e os objectos estranhos e embalam os melhores produtos para comercialização. Os classificadores examinam os produtos e classificam-nos de acordo com a cor, forma, comprimento, largura, tato e grau de maturação. Os classificadores colocam as diferentes qualidades de produtos em lados separados dos contentores e organizam-nos em conformidade. O resultado do quadro 3 mostra que se perderam 51 latas durante a triagem na comercialização grossista de laranjas e 36 dúzias com valores de N7650 e N7200 na comercialização a retalho. **A embalagem** é uma tecnologia utilizada para encerrar ou proteger produtos para distribuição, armazenamento, venda e utilização. A embalagem também se refere ao processo de conceção, avaliação e fabrico de embalagens. A embalagem pode ser descrita como um sistema coordenado de preparação de bens para transporte, armazenamento, logística, venda e consumo final. A embalagem contém, protege, preserva, transporta, informa e vende. Em muitos países, está totalmente integrada no uso governamental, empresarial, institucional, industrial e pessoal. 20 dúzias no valor de N3000 foram perdidas na embalagem e 12 dúzias no valor de N2400 foram perdidas na comercialização a retalho. O **armazenamento de alimentos** permite que os alimentos sejam consumidos durante um período de tempo (geralmente semanas a meses) após a colheita, e não apenas o armazenamento imediato de alimentos, e o transporte, incluindo a entrega atempada aos consumidores, são importantes para a segurança alimentar, especialmente para a maioria das pessoas no mundo que dependem de outros para produzir os seus alimentos. Quase todas as sociedades humanas e muitos animais armazenam alimentos. A armazenagem de alimentos tem vários objectivos principais. Durante o armazenamento, perderam-se 78 e 64 dúzias de produtos alimentares por grosso e a retalho, no valor de N11700 e N12800, respetivamente. Os estudos mostram que 52 dúzias no valor de N10400 foram perdidas durante a comercialização a retalho e 60 dúzias no valor de N900 durante a venda por grosso.

Quadro: 4 Problemas da comercialização da laranja.			
Gender	**frequency**	**percentages**	**Ranking**
Poor handling	21	51.5%	1st
Pest and diseases	4	10%	4th
Lack of storage facility	8	20%	2nd
poor market patronage	1	2.5%	5th
Poor transportation facility	6	15%	3rd
Total	40	100%	

Fonte: Estudo de campo de 2017.

O quadro acima mostra que o mau manuseamento das laranjas é o principal problema na comercialização das laranjas, com 51,5% dos inquiridos, seguido da falta de instalações de armazenamento, com 20% dos inquiridos. [rd]O transporte de produtos agrícolas, especialmente de produtos perecíveis como as laranjas, exige boas instalações e estradas, razão pela qual o problema do transporte ocupa o terceiro lugar, com 15% dos inquiridos. Segundo o estudo, as pragas e as doenças afectam as laranjas durante a comercialização, especialmente se não existirem boas instalações de armazenamento. [th]As más instalações de armazenamento foram mencionadas por 10% dos inquiridos, ocupando o quarto lugar. A falta de um mercado para as laranjas provou ser o menor dos problemas dos comerciantes de laranjas.

CAPÍTULO 5 CONCLUSÃO E RECOMENDAÇÃO

O principal objetivo do estudo é analisar a extensão das perdas pós-colheita de laranjas no mercado de Yanlemo, no Estado de Kano. O resultado do quadro 1 mostra que todos os vendedores de laranjas na área de estudo (100%) eram do sexo masculino. O grupo etário dos 18 aos 29 anos dominava a comercialização com 62,5%. O resultado das habilitações literárias mostra que 22,5%, 47,5%, 15% e 15% tinham frequentado o ensino primário, secundário, terciário e de quarentena, respetivamente. 92,5% dos inquiridos eram membros de uma cooperativa e 7,5% não eram membros. 25 %, 62,5 % e 12,5 % tinham experiência comercial de 1 a 10 anos, 11 a 20 anos e mais de 21 anos, respetivamente. O resultado do quadro 2 mostra que os inquiridos citaram as más instalações de transporte, a infestação de pragas e doenças, o mau patrocínio do mercado, a má gestão pós-colheita e as más instalações de armazenagem como causas das perdas pós-colheita, tanto a nível da comercialização a retalho como a nível da comercialização por grosso. O resultado do quadro 3 mostra que se perderam 51 latas durante a triagem na comercialização grossista de laranjas e 36 dúzias na comercialização a retalho, com um valor de N7650 e N7200, respetivamente. Durante o embalamento, perderam-se 20 dúzias no valor de N3000 e durante a comercialização a retalho, perderam-se 12 dúzias no valor de N2400. Durante o armazenamento, perderam-se 78 dúzias no comércio por grosso e 64 dúzias no comércio a retalho, no valor de 11700 e 12800 N, respetivamente. Os estudos revelam que 52 dúzias, no valor de N10 400, se perderam na comercialização a retalho e 60 dúzias, no valor de N900, se perderam na comercialização por grosso. [th]Os resultados do quadro 4 mostram que o mau manuseamento das laranjas, a falta de boas instalações de armazenamento, a falta de instalações de transporte, as pragas e doenças e a falta de patrocínio do mercado são o primeiro, segundo, terceiro, quarto e quinto problemas mais importantes na comercialização das laranjas, respetivamente: . A importação de quase 95% dos concentrados de sumo de fruta para o país mostra que existe uma lacuna entre a oferta e a procura na indústria dos sumos de fruta. Esta situação está atualmente a custar à Nigéria cerca de 400 milhões de dólares em custos de importação. Espera-se que a indústria se integre no sentido inverso, investindo no estabelecimento de pomares de citrinos, na transformação de concentrados de sumo de fruta e de outros produtos cítricos. Este é um desafio que a indústria de sumos de fruta tem de enfrentar. As perspetivas para a indústria nigeriana de sumos de fruta são enormes, tendo em conta o grande número de consumidores, as vastas áreas de cultivo de citrinos e os recursos humanos e materiais disponíveis. O investimento na produção e transformação de citrinos terá um grande efeito multiplicador, pois não só melhorará a economia do país, como também assegurará a criação de milhões de postos de trabalho e melhorará o rendimento e o nível de vida de todos os intervenientes na cadeia de valor.

-As mulheres **participam**

As mulheres devem ser encorajadas a participar na comercialização da laranja, e a formação dos comerciantes de laranja deve também contribuir de forma significativa para melhorar a comercialização da laranja.

- **Criação de pólos de transformação**

Para maximizar o potencial dos citrinos na Nigéria, devem ser envidados esforços para desenvolver cada fase da cadeia de valor dos citrinos, desde o fornecimento de factores de produção até à transformação. As parcerias público-privadas podem ser potenciadas através da criação de agrupamentos de transformação de citrinos para a produção de concentrados e outros produtos cítricos. A disponibilização de boas instalações de armazenamento e transporte, como frigoríficos, ajudará a reduzir as perdas de laranjas após a colheita.

- **Financiamento adequado da investigação e do desenvolvimento**

É necessário promover a investigação e o desenvolvimento de variedades melhoradas, a fim de aumentar a produção por hectare, produzir frutos com características desejáveis e reduzir as perdas pós-colheita através da adição de valor. Espera-se que os resultados da investigação e do desenvolvimento sejam integrados a posteriori. Isto pode ajudar a reduzir o fosso entre a oferta e a procura na indústria de sumos de fruta na Nigéria. Os institutos relevantes já criados pelo governo devem ser adequadamente financiados para desenvolver tecnologias para a cadeia de valor.

- **Formação de comerciantes de laranja**

A formação dos comerciantes de laranja sobre a forma de manusear os produtos, os bons métodos de armazenamento e a forma de controlar as pragas e as doenças será de grande importância.

Algumas tecnologias para reduzir os resíduos são
i. Processamento:

- Produção de sumos e concentrados: A transformação da fruta em sumos e concentrados de sumo.

Os sumos são embalados em garrafas, latas, caixas de cartão, tijolos, etc., enquanto os concentrados são armazenados em sacos, tambores ou depósitos assépticos. Os concentrados podem ser armazenados até um ou mais anos, enquanto as embalagens em latas e caixas assépticas têm um prazo de validade mais longo.

ii. Enceramento: O fruto é revestido com cera para retardar o seu amadurecimento.

i. Atmosfera controlada: Um sistema de armazenamento moderno que minimiza a utilização de:

Conservar num recipiente hermético para prolongar a duração de conservação dos frutos;

Contentores com persianas

Veículos refrigerados

ii. Biotecnologia: A engenharia genética/radiação gama envolve a manipulação genética de plantas para inativar a enzima (poligalacturonase) no fruto e assim atrasar o amadurecimento do fruto.

iii. Manuseamento: Colheita cuidadosa dos frutos e utilização de contentores de transporte especialmente desenvolvidos, caixas de plástico e caixas de madeira dobráveis (Jolaoso, et. al., 2011)

REFERÊNCIAS

Adeoti, A.I., Oladele, O.I. e Cofie, O. (2011). Sustentabilidade dos meios de subsistência
através da agricultura urbana: aspectos específicos de género em Accra, no Gana. Life Sc. Journal, 2011; 8(2). S. 944.

Adubofuor, J. E., Amankwah, A., Arthur, B. S. e Appiah, F. (2010).
Estudo comparativo das propriedades físico-químicas e sensoriais do sumo de laranja e do sumo cocktail de laranjas, laranjas e cenouras. Jornal Africano de Ciência Alimentar Vol. 4(7), pp. 427 - 433.

Allsup, A. D. (2011). Quem sofre de anemia - Melhore a sua ingestão de ferro. Artigo
Publicado por: Truth Publishing International, LTD.
Badah.M.M. (2015). Análise económica das perdas pós-colheita na rentabilidade da comercialização de tomate fresco no Estado de Kano, Nigéria. Documento não publicado.

Bayindirli LG, Sumnu G, Kamadan K (1995). Efeitos de Semper fresco e
O revestimento de fruta fresca Jonfresh na qualidade das tangerinas Satsuma após armazenamento. J. Food Process. Preserv., 19: 399-407.

FAO (2015) Prevention of post-harvest food losses of fruit, vegetables and root crops (Prevenção de perdas pós-colheita de frutas, legumes e tubérculos)
(FAO Training Series No. 17/1)

FAO (2010) A fome no mundo está a diminuir, mas continua a ser inaceitavelmente elevada; Hunger Targers
Difícil de alcançar. Departamento para o Desenvolvimento Económico e Social Roma 2010

Organização das Nações Unidas para a Alimentação e a Agricultura. 2004. O estado da insegurança alimentar na
Mundo 2005, Roma. Itália.

Dados da balança alimentar. 2013. Disponível em: http://faostat.fao. org/site/354/ default.aspx. Recuperado em 10 de janeiro de 2013.

Fox, T. e C. Fimeche. 2103 - "Global food Waste Not, Want Not". IMechE. . . Inglaterra e País de Gales.

Gangwar, L. S., D. Singh, e Singh, D. B. 2007. "Estimativa das perdas pós-colheita em Kinnow Mandarin em Punjab utilizando uma fórmula modificada". . Agricultural Economics Research Review, 20(2).

Gustavsson, J., Cederberg, C., Sonesson, U., van Otterdijk, R., Meybeck, A.
2011. "Global Food Losses and Food Waste: Extent Causes and Prevention"
[Perdas e desperdícios alimentares globais: extensão, causas e prevenção].
Roma, Organização das Nações Unidas para a Alimentação e a Agricultura
(FAO).

Haile, A. 2009: "On-farm storage studies on sorghum and chickpea in Eritrea"
(Estudos de armazenamento na exploração de sorgo e grão-de-bico na Eritreia).
Revista Africana de Biotecnologia, 5(17).

Hodges, R.J., J.C. Buzby, e B. Bennett. 2011 "Postharvest losses and waste in
developed and less developed countries: opportunities to improve resource
use." Journal of Agricultural Science 149:37-45

Kader, A.A. 2005. "Increasing food availability by reducing postharvest losses of
fresh produce" [Aumentar a disponibilidade de alimentos através da redução
das perdas pós-colheita de produtos frescos]. Ata Horticulture 682:2169-2176.

Dados ajustados às perdas sobre a disponibilidade de alimentos, Serviço de
Investigação Económica (ERS). 2011.
ERS Departamento de Agricultura dos EUA, Washington, DC.

Lundqvist, J., C. De. Fraiture, e D. Molden. 2008. "Saving water: from field to fork:
curbing losses and wastage in the food chain". Estocolmo, Suécia: Instituto
Internacional da Água de Estocolmo.

Mundial, B. 2008, "Double Jeopardy: Responding to high food and fuel prices".
Cumbre Hokkaido-Toyako del G, 8, 2.

Nyambo, B. T. 1993, "Post-harvest maize and sorghum grain losses in traditional
and improved stores in South Nyanza District, Kenya". International Journal of
Pest Management, 39(2), 181-187.

Peel, M. C., B. L. Finlayson, e T. A. McMahon. 2007. "Mapa mundial atualizado da
classificação climática de Koppen-Geiger". Hydrology and Earth System
Science Discussions, 4(2), 439-473.

Sistemas de informação para perdas pós-colheita. 2013. disponível em:
http://www.aphlis.net/. Acedido em 10 de janeiro de 2013.

Quested, T., e Johnson, H. 2009, "Household Food and Drink Waste in the UK:
Relatório final". Programa de Ação para os Resíduos e Recursos (WRAP).
SAVE FOOD: Global
Iniciativa para reduzir as perdas e o desperdício de alimentos, FAO. 2013.

disponível em: http://www.fao.org/save-food/key-findings/en/. Recuperado em 2 de abril de 2013

Smithers,R2013.Disponível em:http://www.guardian.co.uk/environment/2013/jan/10/ half-world-food-waste. Acedido em 14 de janeiro de 2013.

Pensar, comer, poupar. Disponível em: http://www.thinkeatsave.org/index.php/be-informiert/fast-facts. Recuperado em 12 de março de 2013.

Trostle, R. 2010. "Global Agricultural Supply and Demand: Factors Contributing to the Recent Increase in Food Commodity Prices." (Rev. DIANE Publishing.)

Nações Unidas, Organização das Nações Unidas para a Alimentação e a Agricultura. 2011 Global Food Losses and Food Waste - Extent, Causes and Prevention [Perdas e desperdícios alimentares globais - extensão, causas e prevenção]. Roma. \

Boletim informativo Voices. 2006. Disponível online em: http://www.farmradio.org/wp- content/uploads/Voices_79.pdf. Acedido em 2 de abril de 2013.

Organização Mundial de Logística Alimentar. 2010. identificação de Post-harvest technologies to improve market access and incomes of small-scale horticultural enterprises in Sub-Saharan Africa and South Asia (Tecnologias pós-colheita para melhorar o acesso ao mercado e os rendimentos das empresas hortícolas de pequena escala na África Subsariana e no Sul da Ásia). Alexandria VA, março.

Ubani ON, Okonkwo Ego U, Ade A (2010). Prazo de validade de quatro variedades de LARANJA em condições ambientais. Trabalho apresentado na reunião de revisão interna da Nigerian Stored Products Research realizada na sede da NSPRI, Ilorin, Estado de Kwara, Nigéria, 22-24 de junho de 2010.

Ubani ON, Suleiman A (2008). Prazo de validade dos ovos frescos da horta *(Solanum aethiopicum)* em dois tipos de cestos de legumes. Int J Biosci, 3: 91-93.

Williams JO, Babarinsa FA, Bello I (2000). Chips de manga seca, prontos para comer em todas as estações. Notícias Pós-Colheita, 1: 2

Índice

yes
I want morebooks!

Buy your books fast and straightforward online - at one of world's fastest growing online book stores! Environmentally sound due to Print-on-Demand technologies.

Buy your books online at
www.morebooks.shop

Compre os seus livros mais rápido e diretamente na internet, em uma das livrarias on-line com o maior crescimento no mundo! Produção que protege o meio ambiente através das tecnologias de impressão sob demanda.

Compre os seus livros on-line em
www.morebooks.shop

info@omniscriptum.com
www.omniscriptum.com

Printed by Books on Demand GmbH, Norderstedt / Germany